人类第一次

——世界伟大发现与发明

〔德〕海宁·奥贝尔等 著

吕叔君 田茹丽 王琳琳 译

山东画报出版社

图书在版编目（CIP）数据

人类第一次：世界伟大发现与发明 ／（德）奥贝尔等著；
吕叔君等译．—济南：山东画报出版社，2012.7
ISBN 978-7-5474-0632-8

Ⅰ．①人… Ⅱ．①奥… ②吕… Ⅲ．①科学发现－普及
读物 Ⅳ.①N19-49

中国版本图书馆 CIP 数据核字 (2012) 第 055442 号

Published in its Original Edition with the title
Das ERSTE Mal. Entdeckungen und ERFINDUNGEN,DIE DIE Wellt bewegten
By wissenmedia GmnH, Gütersloh/München
Copyright © 2002 wissenmedia GmbH, Gütersloh/ München
The License for this edition has been arranged by Himmer Winco
© for the Chinese edition:Shandong Pictorial Publishing House

责任编辑 傅光中
特约编辑 李海峰
主管部门 山东出版集团有限公司
出版发行 山东画报出版社
　　　　社　　址　济南市经九路胜利大街39号　邮编 250001
　　　　电　　话　总编室（0531）82098470
　　　　　　　　　市场部（0531）82098479　82098476(传真)
　　　　网　　址　http://www.hbcbs.com.cn
　　　　电子信箱　hbcb@sdpress.com.cn
印　　刷 山东临沂新华印刷物流集团
规　　格 170毫米×230毫米
　　　　 19.75印张 148幅图 169千字
版　　次 2012年7月第1版
印　　次 2012年7月第1次印刷
印　　数 1—6000
定　　价 45.00元

如有印装质量问题，请与出版社资料室联系调换。
建议图书分类：科技文化、工具书、畅销书

序　言

人类在 30000 年前就已经开始使用数了，古希腊罗马时期的人们就已经采用集中供暖；古代中国人不仅发明了火药，而且还发明了火柴；在 20 世纪 60 年代，互联网最初是用于军事的。这些知识或许并非所有人都已了解。

《人类第一次——世界伟大发现与发明》是一本既新颖又轻松的读物，它内容丰富、引人入胜并且图文并茂。它将带您进入发现者的迷人世界，与我们一起领略人类文明史上那些"群星璀璨的时刻"。

本书采用编年史的形式，按时间先后向读者叙述先驱者们那些富于开创性和革新性的伟大成就，即"人类第一次"的诞生故事：何时发明日历、指南针、天文台、印刷术、显微镜、蒸汽机、打字机、汽车；何时第一次食用茶叶、冰淇淋、汉堡包和可口可乐；何时首次举办选美比赛；何时首次使用香水……

每个主题都独立成章，在编排形式上尽可能做到鲜明直观。正文用于描述具有决定性意义的发展过程，附加的补充文章用于解释或深入处理某个主题的观点或细节。另外每章还附有一个编年表，可作为本章所涉主题的一个简明的历史纲要，让我们对重要的发展阶段能够一目了然。

我们在书中还插入了一系列短评，对那些重要的历史转折点或重大历史事件做了简要地阐述和分析，目的是想把自远古至 21 世纪初的人类发明和发现史用一根线串联起来。

关于如何确定一项发明的时间，人们在某些情况下也会存在一些争议：当白炽灯还没有被证明可以应用的时候，我们能否就可以将它作为一项发明呢？当自行车还只是设计图纸上的图样的时候，我们能否就可以将它看作自行车呢？此外，对于一项发明的确切日期，人们往往也没有可靠的历史证据，而只能依据推测。不仅如此，关于人类成就的科学观也会因文化圈的不同和看问题的视角差异而有所不同。于是，对于电话的发明者这个问题，美国的许多专家学者都认为是亚历山大·贝尔，而其真正的先驱者德国人菲利普·赖斯的名字则鲜为人知。虽然存在这些科学和历史观念的差异，但是我们这部《人类第一次》书中所涉及的时间问题也都是有历史依据的。

目　录

第三部分　中世纪时期　（6世纪至15世纪）　/ 057

第四部分　近代时期（16世纪至18世纪）　/ 082

第五部分　工业时代的开始（18 世纪末至 19 世纪） / 113

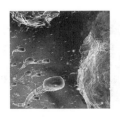

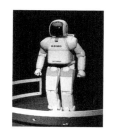

第六部分　技术化时代的来临（20 世纪）　/ 219

第一部分　人类的开端

（史前时期）

数的发明

据迄今为止的考古发现，人类开始使用"数"的历史大约可回溯至 30000 年前的旧石器时代。考古学家在出土的旧石器时代的被人类加工过的骨头上发现有刻痕，有些刻痕还被分为五个一组，这表明那时的人类已经开始知道计数了。不过，很有可能在更早以前人类就已经认识数的概念了。

但是，我们至今并不清楚，人类对于数量的直觉的认识到底是何时发展为一种抽象的数的概念的。旧石器时代的骨头上的刻痕表明，人这时已经开始了这个自觉地认识过程。在此后的历史发展过程中，不同的文化圈中形成了各自不同的数的体系。大约在公元前 3000 年，首先采用象形文字数字符号的可能是苏美尔人，爱兰人（曾生活在今日伊朗的西南部）以及埃及人。约公元前 2550 年，美索不达米亚的闪米特人使苏美尔楔形文字适应了一种十进制的数体系。公元前 18 世纪，巴比伦数学家发展出了多位数的数位系统。古罗马时代，人们已经使用罗马数字。公元前 2 世纪的印度佛教铭文中就已经出现了所谓的婆罗米数字，它是现代数字符号的原始形式，只不过还没有形成位值系统。据历史记载，我们今天使用的从 1 到 9 以及 0 的数字符号，其原始形式最早于公元 598 年出现在柬埔寨。虽然古希腊人已经知道一种较为精细的数理论，但是一直到中世纪，他们主要把数字用作计量单位，比如：用于簿记或用于计量长度和重量。13 世纪之后，纸上的数学运算才在西欧发展起来。

著名的数学证明

在过去的数千年间，数学家们解决了许多数学难题。古希腊人已经尝试用圆规和直尺把一个圆变成一个正方形。1882 年，卡尔·路易·费迪南·冯·林德曼（Carl Louis Ferdinand von Lindermann）才首次成功地证明了化圆为方是不可能的。在数学界同样著名的则是"费马猜想"。费马认为："当整数 n>2 时，关于 x，y，z 的不定方程 $x^n + y^n = z^n$ 无正整数解。"经过数百年的努力，到了 1993 年数学家安德鲁—怀尔斯（Andrew Wiles）才成功地证明了这一定理。对于有雄心壮志的数学家来说，还有足够多的科学功绩等待他们去完成，哥德巴赫猜想，即"每个不小于 6 的偶数都可以表示为两个奇素数之和"，至今仍未被证明。

实用的计算助手

中国算盘

自古至今的数学家们一直努力寻找一种合适的仪器，用于帮助减轻人们在代数学运算过程中所耗费的精力。大约在公元 600 年前，中国人就发明了算板，它是今天仍在亚洲许多国家使用的算盘的最早形式。公元 82 年，希腊数学家制造了叫做"安蒂基西拉（Antikythera）"的机器，它是一种用于天文计算的机械计算机。等到首台具备加减乘除四项基本功能的简单计算机问世，又过了很长很长的时间：1623年德国数学家威廉·施卡尔（Wilhelm Schickard, 1592—1632）发明了计算钟。1822年英国人查尔斯·巴贝奇（Charles Babbage, 1791—1871）发明了巴贝奇分析仪（一种用于公式演算的多功能计算机），这为现代数字计算机的问世铺平了道路。

中国算盘

计算机逻辑

1847年，英国数学家乔治·布尔（George Boole, 1815—1864）提出了二进位数字系统，我们日常使用的十进位数字系统需要十个数字符号，而二进位数字系统则只需要两个数字符号，即0和1。布尔的二进制代数学的优点是：它特别适用于计算机的运行方式，因为在计算机技术中，0和1可以通过开关来控制，当电流通过时，它对应于符号1，当无电流通过时，计算机就会识别它为0。这两个符号就足以表达所有的数字。布尔还发现，二进制代数学不仅能够解决四项基本运算，而且还能解决基本的逻辑关系，如"或"，"不等于"，"大于"。

重要的数和数字符号的使用

有理数

公元前2000年，埃及数学家已经认识到了正分数。整数和分数一起构成有理数。

无理数

公元前520年，希腊数学家在解二次根的过程中发现了无理数。无理数不能用分数和整数来表示。

数字"0"

约公元500年，印度数学家采用数字"0"。1000年之后，意大利数学家杰罗尼莫·卡丹诺（Geronimo Cardano, 1501—1576）首次采用负数。

虚数

1685 年，英国数学家约翰·沃利斯（John Wallis，1616—1703）首次采用虚数概念。虚数是平方根为负数的数，所有的虚数都是复数。定义为 i^2=—1。i（imaginary）表示虚数单位。实数和虚数结合得出复数。

被书写下来的语言

在现代国家中，没有文字的沟通几乎是不可想象的。但是，人类并非一直都能够认识和使用文字，因此，历史学家也将人类的历史划分为无文字记载的史前史和有文字记载的人类文明史。人类最早使用文字的时间大约可确定在公元前 6000 年：在巴尔干半岛上曾经有过温查文明[1]，离今日的贝尔格莱德不远的地方，考古学家发掘出了上面刻有文字的陶制小塑像，这些文字可能是用于宗教目的的。约公元前 3500 年，日耳曼部落入侵巴尔干，从而使这种文字消失了。

在美索不达米亚的乌鲁克也出土了大约来自这一时期的早期文字证据，那是一种带有约 2000 字符的图画文字，楔形文字便是由此演化来的。在克里特岛上出土了源自公元前 18 世纪的线性文字 A 的最早证据。除此之外，考古学家还在那里发掘出象形文字以及其它至今仍未破译出的文字。

中国文字是完全独立形成的，其最早的证据大约源自公元前 1200 年。在其它文化圈中还发展出了音标文字，其文字形式之外还单独有表音符号。埃及象形文字或楔形文字都是一种由词和音节构成的混合型文字，而希腊人于公元前 9 世纪首次发明了由元音和辅音构成的完整的字母表，它与腓尼基字母很相似。所有欧洲的现代文字都溯源于

---

[1] 温查文明是欧洲早期文明之一，存在于前 6000 年至前 3000 年间，位于今波斯尼亚、塞尔维亚、罗马尼亚和马其顿一带。遗址最早在塞尔维亚城市贝尔格莱德以东 10 公里处的温查村被发现，因此得名。——译注

希腊语的"原始字母"。

用少量字母表达多样的语言

　　由希腊人首先发明的字母为欧洲语言的发展作出了巨大贡献。他们吸收了腓尼基文字系统，为使其与希腊语相适应，他们又补充了元音字母。

　　公元前4世纪，古希腊历史学家希罗多德[1]就已指出，希腊字母源自腓尼基字母，他称希腊字母为"phoinikeia grammata"。已出土的最早的腓尼基字母文字源自约公元前1000年。由20多个字母组成的字母文字系统不仅简洁而且易于掌握，从而加速了语言的传播。

带腓尼基字母的图案

从纸莎草纸到纸

　　当埃及人在公元前3000年左右发明了纸莎草纸之后，之前用于书写介质的陶板很快就成为多余的了。古埃及人先将多纤维的纸莎草内茎切成长条，再切成薄片，再将薄片平行排放起来，上面再与之垂直排放上另一层薄片，然后再将这些薄片平摊在两层亚麻布中间，趁湿用木槌捶打，将两层薄片压成一片并挤去水分，再用石头或其它重物挤压，干燥后再用浮石磨光就成为纸莎草纸了。将许多片纸莎草纸黏贴起来就可形成一长卷。用以书写的材料是一种类似墨水的颜料，它是用炭黑或赭石混染成的液体。公元4世纪，由于羊皮纸更易于保存和书写，纸莎草纸就逐渐被羊皮纸取代了。

埃及文字

　　[1] 希罗多德（Herodot，约前484－前425），古希腊历史学家，著有《历史》，是西方文学史上第一部完整流传下来的散文作品。——译注

早在公元前2世纪中国人就发明了造纸术，但是到了中世纪它才传入欧洲。德国的第一个造纸磨坊于1390年诞生在纽伦堡。

教育的基础

文字的传播与教育事业的发展是密不可分的。虽然普鲁士在1717年就提供了5—12岁儿童的义务教育，但是只有当教育事业于1794年通过法律被国有化之后，义务教育才真正得以实施。当普鲁士于1839年颁布了禁止9岁以下儿童从事体力劳动的法令之后，儿童入学的数量便迅速增加。为利于国民经济的发展，国家特别重视普通教育的改善，阅读和写作成为工业社会中大众必须具备的基本技能。

历史上的重要文字

象形文字

公元前3100年左右，埃及象形文字形成了，它最初是用于宗教仪式的，后来的所谓"僧侣体文字"就是由此演变而来的。

谜一般的文字

约公元前2500年，印度河文明发展出了一种独有的文字。尽管学者们作出了种种努力，但是至今这种文字仍然没有被破译出来。

玛雅文字

腓尼基字母

玛雅文字

公元前 600 年，考古学家在中美洲发现了玛雅人发明了象形文字铭文。玛雅象形文字约形成于公元前 600 年。过了 700 年以后，日耳曼最古老的文字鲁内文才在北欧形成。

阿拉伯文字

公元 7 世纪，有据可查的最早的阿拉伯文字源自公元 7 世纪。自 9 世纪之后，随着基督教的传布，西里尔字母也在斯拉夫地区传播开来。

秤的发明

早在 7000 年前，人们在交易原材料时就必须要确定货物的数量，因为只有这样才能计算出商品的价格。粮食或油料等商品的重量可以用量杯来确定，而金属（比如黄金）的重量人们是靠称重来确定的。秤的发明可能就起源于黄金交易。

我们的语言中有许多词或词的组成部分与"秤"和"重量"有关。这表明，此两者是我们的祖先经常用到的东西，而且它们还常常被用到一些特别的领域，比如古埃及人在制作木乃伊时，会将死者的心脏放到天平的一端，天平的另一端则放上象征智慧的羽毛。古埃及或两

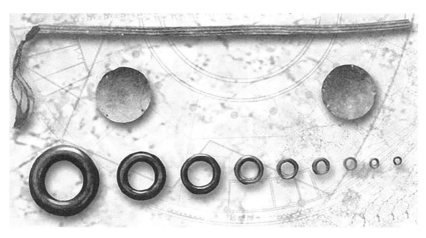

迄今考古发掘的最早的秤是在长沙附近左家公山上战国时期楚墓中的等臂秤

河流域也就是天平的起源地。根据迄今发掘的出土文物推测,秤大约发明于公元前5000年。秤的原始形状是一种围绕着一个水平轴心的可旋转的秤杆,秤杆的两端分别是两个托盘,一端放置待称量的货物,另一端放置由当权者规定并监督的多种形式的重量单位。较重的物品通常也会被垂直悬挂起来称量。公元前2000后出现了配有秤砣的杆秤,秤砣被置于非对称的秤杆的较长的一端。

随着中世纪后期自然科学的发展,秤的精度也得到了长足的进步。18世纪时,自然规律被系统地用于技术的改进。如今,原子的重量以及水晶中的电荷都已成为可被称量的东西了,并且我们的日常生活也因此而发生了"革命性"的变化,一位售货员无需再动用脑细胞,也不需要三分律知识,他只需用手指按几下智能衡器上的按钮,就可以精确地得知523克西红柿或四分之一磅肉馅的数量。

案秤的发明

秤的构造原则服从简单的机械规律,在其探索和应用方面,希腊人是行家里手。与此有关的知识是经由阿拉伯人重新传回欧洲的。1669年,弗朗索瓦·吉尔·佩松尼埃·德·罗伯瓦尔发明了等臂双盘案秤,秤盘装在秤梁两端,下面装有导杆,可在称座上相应的导孔内上下移动。这样,当秤梁绕轴摆动时,在导杆作用下,秤盘可做上下移动,但其水平状态保持不变。案秤在测量精度、可信性和稳定性方面经过了时间的考验,至今仍然被广泛应用于医疗、烹饪和信函邮递业务等多种领域。

各有各的秤法

公元前400年左右,希腊商人吕桑德尔在泰勒斯购买紫色颜料,后又从西西里购买粮食用船运往马西里亚,再将那里购买的葡萄酒装进船舱运往伊斯帕尼亚,然后再从那里装上银锭运往迦太基,在这整个过程中,他身边总是带上自己的秤和秤砣,因为那时地中海地区的每个港口都有各自不同的称量方法。谁若精于算术,那么他在生意上肯定也会取得成就。假如吕桑德尔了解到他的后代们如今只懂得用克和公斤计算重量，那么他或许会摇摇头，觉得这真是不可理解。

秤的主要类型

杆秤：

约公元前 2000 年，杆秤最早出现于公元前 2000 年左右，它是利用杠杆平衡原理来称重量的简易衡器。杆秤的秤杆长度不一，作为平衡重体的秤砣可在秤杆上来回移动。

弹簧秤：

1709 年，发明弹簧秤，它是一种用来测量力的大小的工具。它利用弹簧的形变与外力成正比的关系制成。

摆锤式天平：

1765 年，发明摆锤式天平，其设计原理是，被称重物体的力通过一个下垂的杠杆臂与一个固定与其上的吊锤来控制。

地秤：

1822 年，发明地秤，它是一种十进制天平，用以称量较重的物体，其发明者是两个斯特拉斯堡人，埃洛伊·昆腾茨和约翰·B.·施韦尔克。

历　法

西历历法源于尼罗河的河水。尼罗河每年一次有规律的洪水泛滥为古埃及的农民带去了肥沃的土地。河水泛滥的间隔时间正好是 365 天，这大约发生在公元前 4000 年，并且也成为西历历法诞生的起因。埃及历法不仅是最早的历法，而且也是人类历史上最古老的纯粹的太阳历。

大约在同一时期，生活在幼发拉底河与底格里斯河流域的苏美尔人则以月亮为计算历法的依据。因为灌溉农田的需要，他们不得不很早就制定一个时间表。他们以月亮绕行地球的周期作为一个太阴月，

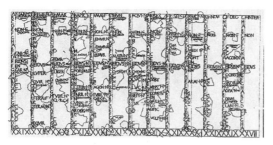

一幅公元前60年的罗马历

每月为 29.53 天。12 个太阴月或 12 个 30 天为一年。当巴比伦人于公元前 2000 左右征服了苏美尔人，他们就试图将苏美尔人已习惯使用的太阴历与他们自己的太阳历统一起来。12 个太阴月，每个月 30 天，有些月份为 20 天，一年计 354 天。闰月所缺的 11 天则在完整的太阳年中用 365 天来调节。巴比伦人也已开始将一周划分为七天，并将这一划分方式传给了埃及人、希腊人和罗马人。将第七天作为休息日，这在古代巴比伦人那里就已经成为一种传统了。

罗马人则试图在阴历年与太阳年之间寻找一种折中，二月份的天数在每月 31 天、29 天和 28 天之间摇摆。一年共计 355 天。当尤里乌斯·凯撒于公元前 46 年进行重要的历法改革时，太阳年已经积累了 90 天的偏差了。1582 年，教皇格里高利十三世颁布命令对历法进行改革，这一历法因而被称作格里高利历并一直被沿用至今，只不过信奉新教的国家最初并不太情愿接受它。

伟大的历法改革者

以尤里乌斯·凯撒命名的儒略历所犯的一个错误导致 16 世纪时与太阳年产生了 10 天的误差。其造成的结果是，复活节不得不提前过。1582 年，教皇格里高利十三世在进行历法改革时，干脆就将这 10 天从日历中删除了：10 月 4 日（星期四）之后紧接着就是 10 月 15 日（星期五）。一年的平均长度被确定为 365.2425 天。

日历成为印刷品

15 世纪中期印刷术发明之后，被印刷出来的日历才开始出现。1458 年出现了用于占星术的天文日历，1462 年出现了单页日历，后来又出现了袖珍日历等各种形式的日历，不一而足。

自 16 世纪开始，上面留有空间用来做记事簿的日历成为最流行的一种形式。大约三百年之后，读者通过日历还发现了抒情诗。甚至弗里德里希·席勒的《三十年战争史》也是通过一种"为女士准备的历史日历"而广为传播的。1860 年年末，一名海德堡的企业家发明了可以一张张撕下来的日历本。如今，仅德国每年就能够提供超过 1000 种不同形式的日历。

印度历

历史上重要的历法形式
中国历法

公元前 2397 年，年由太阴月组成，月球绕地球运行一周为一"月"，平均月长度等于"朔望月"，并设置"闰月"以使每年的平均长度尽可能接近回归年。"月"无名称，而只用数字表示。

巴比伦历法

约公元前 2000 年，巴比伦人将美索不达米亚历法与太阳年取得一致。他们用一个附加的月（由 30 天组成）来抵消相互之间的差距。

玛雅历法

公元 300—900 年，古代玛雅人在没有受到其他文明影响的情况下独立发明了一套自己的历法。他们通用的历法有两种，第一种是"圣年历"，把一年分为 13 个月，每月 20 天，全年共 260 日。第二种是"太阳历"，每年有 18 个月，每月 20 天，另加 5 天是禁忌日，即全年共 365 天，每 4 年加闰 1 天。玛雅历是世界上最精确的历法之一。

伊斯兰历法

公元 622 年，伊斯兰历法始于公元 622 年，它以月球循环周期为基础。一年有 12 个月，大月 30 天，小月 29 天，一年共有 354 天。

人的卧榻

在床上睡觉有许多益处，它既可以避寒，又可以保护我们免遭有害小动物的侵扰。因此，人类历史上很早就发明了床。最早的床出现于公元前 5000 年左右的中东地区。可以肯定的是，苏美尔人在公元前 3000 左右已经开始使用木制床架。如今，床已成为世界上大部分人普遍使用的舒适的卧榻。

和埃及人一样，苏美尔人也习惯于在睡觉时头底下放上一个支撑物，其主要目的是为了避免第二天早上起来再重新梳理那繁琐的发型。为了预防蚊子叮咬，埃及人一般会在床周围挂上窗幔，家境不富裕的人家则用网代替。公元前 1000 年左右，古希腊人（主要是斯巴达人）虽然也已经开始使用床架，但是与埃及人和苏美尔人的床相比，他们的床就简陋得多了。只是到了公元前后，床在希腊人、伊特拉斯坎人和罗马人那里才真正有了意义，并且也是他们白天休闲的重要场所。罗马人甚至喜欢躺在床上吃饭。

中世纪时，固定的床架是很少见的东西。那时许多人每天晚上都睡在填满干草的口袋里，并且厨房也往往兼做卧室。人们睡在长凳上，桌子上，地板上或睡棚里。好几个人睡在一张床上也是常有的事，目的是为了相互取暖。直到 18 世纪，也仍然有人会在出外旅行时在客栈里与陌生人"同床共眠"。其缺点是，若有人身上有虱子，它们也会借机寻找另一个栖身之处。在过去的数百年里，人们的睡眠已变得越来越舒适了。不仅有用草、羽毛或马鬃毛做填充的床垫，而且还有了羽绒被。此外，由于道德观念的改变，多人共眠一张床的情况已实属罕见了。

床垫填充物是关键之所在

要为床垫找到合适的填充物实属不易。起初人们广泛使用干草或树叶，但问题是里面容易隐藏一些有害小动物，并且还容易返潮，除此之外睡在上面也不舒服。16世纪时有了一种气垫，虽然既舒适又卫生，但是用不了多久就容易漏气。18世纪时，人们在下面是螺旋弹簧的沙发椅和马车座位上安上软垫。到了1855年发明了圆锥形弹簧，在压力下弹簧会相互拉紧而不是偏向一方，这之后它才真正被用于床垫的制作。

弹簧床垫起初还是一种比较昂贵的享受，只是到了20世纪30年代，弹簧床垫才逐渐取代了马鬃床垫。如今，一些乳胶和泡沫塑料产品也已开始与弹簧床垫争夺市场。

中式架子床

形式多样的床

自20世纪中期以来，人们都可以随心所愿地买到自己想要的床：不管是双人床、单人床、水床，还是高架床和法式大床，可以说形式多样，应有尽有。60年代，美国市场上出现了一种舒适的可以加热的水床。能够节省空间的高架床也非常受欢迎。70年代，带有一个阔大床垫的法式大床非常流行。80年代，可以卷起来的日式床垫又成为一种时尚。

流动的宿营地

在人类开始定居下来以前的数千年里，固定的床是没有的。人们在需要过夜的地方找一个有草或树叶的地方能够较为舒适地睡觉就觉得可以了。后来，人们开始使用兽皮，既可以铺在身下，也可以盖在身上。石器时代，当人类开始在帐篷或洞穴里定居以后，专门睡觉的地方也就有了，通常是在地方挖一个槽，里面填上较软的东西。估计当时人们为抵御寒冷喜欢紧挨着篝火睡觉。床架在那个时候很不实用，因为迁徙时带着它会非常不方便。因此，当人们开始在村庄和城市里定居下来之后，木架床才开始出现。只不过那时的木架床也是很少人能享有的奢侈品。

已经发现的世界上最早的床

随时代而变的床铺

有天盖的床：

13 世纪，欧洲人的床架上面往往会有一个"天盖"，这样一来，它就可以挡住从天花板上掉下来的各种小动物。

悬空吊床：

16 世纪，西班牙人将悬空吊床从拉丁美洲带到了欧洲。这种床可能是借用了船上的床铺形式。

壁龛床：

18 世纪，壁龛床开始在西班牙流行，然后逐渐被欧洲其他国家接受，这种床是一种被安装在壁龛里的嵌入式家具，通常是放在最暖和的房间，比如厨房里。

旅行中的床：

1836 年，带有卧铺车厢的列车首次在美国投入运行。紧随其后的是 1859 年开始运行的豪华普尔曼卧铺车。

从莎草纸到纸

文字的历史比纸的历史要悠久。但是文字需要一种简单易造的书写材料。岩壁、石板和骨头、牛皮或陶片一样都不符合这一要求。公元前 3500 年左右，埃及人用纸莎草做原料，他们将纸莎草芯切成片，然后再将两片横竖叠放在一起并通过击打而使之成为一体，人类历史上最早的纸于是就制成了。

古代莎草纸画

今天我们所使用的纸的名称，来源于它最原始的原料纸莎草（Papyrus）。除此之外，公元前 13 世纪，埃及人还发明了兽皮纸，这种书写材料是用牛皮或羊皮经清洗、

去毛和磨光后制成的，它采用的不是制造皮革那样的工序，而是经石灰处理后晒干。兽皮纸保存起来要比莎草纸更耐久，但是制作起来却要困难一些。罗马帝国时期，莎草纸之所以逐渐被淘汰，其主要原因可能是欧洲大部分地区并不生长纸莎草。

公元 105 年，在距离罗马帝国非常遥远的东方，中国皇宫里一位官员蔡伦发明制造出了类似的纸，这种纸我们今天仍在使用。直到公元 7 世纪，中国人对这种造纸术一直都严格保密。后来，这种技术被泄露到了日本以及阿拉伯世界。公元 8 世纪，阿拉伯人又将他们关于造纸的知识传到了欧洲。但是，到了 1389 年第一个德国的造纸作坊才在纽伦堡诞生。

纸莎草

他们将破旧衣服弄碎后浸泡在水里，以此来制造出精细的纸张。15 世纪，当约翰内斯·古滕堡发展了印刷术之后，造纸业便得到了进一步的推动。随着人们对纸的需求不断增加，用于造纸的机器不久之后也发明了出来。自 19 世纪后，人们不再使用破旧衣服而是使用木材作为造纸的原料。今天的"无木纸"的原料是对原材料做化学处理后形成的。20 世纪后期，经过处理的废旧纸成为另一种重要的造纸原料。

木材作为造纸原料

1970 年代，西方世界担心造纸原材料不久有可能枯竭的问题，于是人们开始思考不再使用木材作为造纸的原材料。人们做了许多实验，试图利用化学纤维材料代替传统的木材。但是，由于作为化学基础材料的石油是一种比木材更为有限的原材料，上述计划也就未能付诸实施。当然主要是迅速增长的木材种类和数量已满足了造纸工业的需求。

通过增加化学制剂使纸张更耐久

1841 年发明了木材纤维，但是用它制成的纸不容易长久保存，数年之后会发黄并易脆裂。因此，如今的纸浆在被加工成纸以前要经过多种化学处理程序。其中的添加物包括漂白剂和防腐剂，此外还有高岭土、玻璃粉末、聚乙烯，以及作为粘合剂的合成树脂和合成颜料。

造纸术的几个重要发展阶段

造纸机

1798 年，法国人尼古拉 L 罗贝尔发明了手摇无端网造纸机，1803 年英国技师唐金经改进制成能连续形成纸张的长网造纸机，并于 1805 年成功造出纸张；1809 年英国人迪金森试制成功圆网造纸机。

纸浆的化学处理

1854 年，欧洲人首次实验对纸浆做化学处理以代替传统的机械处理。其优势在于节省时间和提高产品质量。

连续磨木机

1902 年，以前的木材都是单个在磨轮上被加工成纤维，这一年发明了连续磨木机，从此这个加工过程可以连续不断地进行了。

纸浆搅碎机

1930 年，这一年发明的纸浆搅碎机能够均匀地将纸浆中的漂浮物打碎并将其分解为更为精细的结构。

脆弱的艺术

人类在石器时代就已经开始利用火山天然玻璃黑曜岩制作箭头、刀具和饰品。公元前 3400 年，埃及人在烧制陶器时偶然发现，含沙的陶土与炉灰混合，部分融化后滴下来凝固并形成玻璃颗粒。

埃及人在开始的两千年的时间里，也只限于制作彩色玻璃珠和玻璃饰品，因为那时他们不知道如何使较大数量的玻璃融化液，能够比较长时间地保持为液态。只有到了大约公元前 1550 年，玻璃制造艺术才首次经历了一个繁荣时期，并于公元前 14 世纪中期达到了鼎盛。制成的玻璃制品有非常漂亮的盘子和杯子，但它们都是不透明的，并且是以沙泥芯制模的。他们也已掌握了浇注玻璃的技术。约公元前 650 年，人们学会了用砷来净化玻璃，从而制成透明玻璃。公元前 1 世纪，西顿的腓尼基人发现了吹制玻璃的规律，从而使人们有可能通过吹气制成各种形状的玻璃制品。

公元 1 世纪，玻璃制造艺术在罗马帝国推广开来，公元 7 世纪开始传入伊斯兰世界，并且其玻璃制品已经达到了相当高的艺术性，其中有玻璃画、马赛克和玻璃版画等。公元 12 世纪，首先在英国，玻璃窗开始走进比较富裕的家庭。也是在这一时期，一个德国钟表匠发明了玻璃镜子。自此玻璃制造技术几乎陷于停顿，一直到 16 世纪时发明了玻璃融化炉使温度得以升高，从而能够制作出各种新型玻璃品，如含铅玻璃、燧石玻璃和金玉红玻璃。今天的专家们认为，真正的玻璃时代现在才刚刚开始，特殊品质的玻璃比如金属玻璃在不久的将来就会面世。

被融化的沙子

当各种固体混合物被融化，然后迅速冷却，以使它无时间构成晶体结构，这样便形成了玻璃。现代玻璃工业使用超过 50 种化学成分用以制造数千种玻璃制品，这些化学成分中约有百分之六十都是存在于大自然中的基本物质。工业生产出的玻璃大部分是由石英砂、碳酸氢钠和石灰制成的。18 世纪以前的玻璃品种则数量有限。

预防受伤

20 世纪，人们出于对安全的考虑需要制造出各种具有防护性能的玻璃，特别是用于交通工具和高层建筑。因此，就需要考虑破碎后的玻璃碎片不应该对人身造成伤害，于是就有了黏合而成的叠层玻璃以防玻璃裂成碎片。另一种玻璃则由于其较大的张力破碎时会立即分裂成极小颗粒。还有一些特殊玻璃也可以预防其他危险，比如防弹玻璃以及即使燃烧几个小时也不会融化的防火玻璃，还有能够让大部分光线透射过去但可以吸收和反射紫外线及防红外线的遮阳玻璃或隔热玻璃等。

世界最早的玻璃制品——玻璃璧

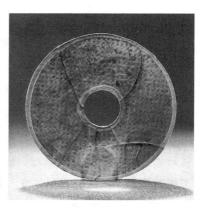

中国战国时期的玻璃璧

古埃及玻璃瓶

埃及国王阿孟霍特普二世（公元前1426－前1400年在位）的玻璃头像，产自埃及，制造时间为公元前1450－前1400年深蓝色玻璃制造。是现已发掘的最古老的玻璃头像之一。

梯范尼的玻璃镶嵌作品

重要玻璃种类的发展

含铅玻璃

1668 年，英国玻璃制造者发明了含铅玻璃，这种玻璃比较重，磨削起来比较容易，磨光的多角平面能够产生特别的光线效果。

燧石玻璃

1675 年，英国人乔治·拉文斯克罗夫特发明了燧石玻璃，这是一种用火石制成的含铅玻璃，因其较好的透光性而特别适宜于制造光学镜片。

刚玉玻璃

1680 年，约翰·昆克尔在波茨坦发明了彩色的刚玉玻璃，这是一种混合了金和铜氯化物的玻璃。

硼硅玻璃

1882 年，德国玻璃研究者恩斯特阿伯与奥托绍特发明了硼硅玻璃，也被称作"耶拿玻璃"。这种玻璃特别适用于制造光学仪器。

与时间赛跑

车轮如今在世界各地的道路和轨道上已是随处可见的东西了。一个没有车轮的社会几乎是不可想象的。但是若没有道路和轨道，那么车轮将会有何用武之地呢？只有很少的几种自然地形能够让有轮子的交通工具在上面行走。因此我们就不难理解，为什么人类在相对较晚的时期（约公元前 3200 年在美索不达米亚）才开始使用车轮。

起初人们要么直接拖动较重的物品，要么把它放到原始的滑板上拖动，有时也在它下面放上滚木以减轻运输的困难。不过轮子本身的发明要早于车轮的发明。至少在带轮手推车问世 300 年之前，在美索不达米亚就已经开始使用陶工旋盘了。公元前 2000 年左右，两河流域的人们开始想到制造出较轻的轮子，他们首次用有轮辐的车轮代替了木制整圆盘轮。又过了很长时间之后，轮子才以改变了的形式承担了其他的技术任务。比如公元前4世纪，埃及人和希腊人开始将齿轮用于汲水。大约在公元前260年，在拜占庭首次出现了水轮。因此可以说，轮子直至今日的最主要应用范围——用于交通工具、驱动装置中的力量转换——在公元前后就已经为人类所知了。之后人们所做的基本上只是对它加以技术上的改进罢了，诸如高性能轴承，独轮悬吊，车轮防抱死系统，轻金属轮辋和无内胎轮胎等。不过当然也有一些根本性的创新，20世纪末，物理学家们发现，圆形车轮并非总是最佳选择，他们为自行车安装上椭圆形链轮，因为这样一来，骑车人腿的力量就能够更加均匀地使用了。

富丽堂皇的豪华马车

倘若有人乘坐着豪华马车从大街上驶过，民众会对此羡慕不已，这种阔绰的排场罗马皇帝就曾经享受过。如今的大富豪们则坐在劳斯莱斯里享受这种非同寻常的感觉。16—19世纪是豪华马车盛行的时代。1747年2月13日，法国皇太子与萨克森的玛丽约瑟芬结婚时，就乘坐了一辆八匹马拉的豪华马车穿过巴黎的街道。17和18世纪的诸侯和国王的座驾也都是极尽奢华之能事。

战争作为驱动力

早在历史初期，车轮除了用于农业生产之外，其最重要的用武之

中国秦代战车

地还是战争。在这方面，它的速度和灵活性显得更为重要，而它的运输能力只是其次。正因为如此，早在公元前2000年前人类就发明了比较轻的带辐车轮。当然古代人也发明了比较笨重有力的军用带轮交通

美索不达米亚车轮图（约公元前3500年）

工具，其中就有高达50米的巨型战车，它需要许多身强力壮的兵士转动车轴辘才能行进。真正的重型军用运输工具到了20世纪才出现。

车轮与轮胎制造技术的进步

钢丝轮辐

1800年，英国人乔治凯雷发明了钢丝轮辐，但是它原本并不是用做车轮，而是被用在他设计的一种飞机上的。

充气轮胎

1846年，罗伯特·汤姆森发明了用作车轮的充气橡胶内胎。但是他的发明不久便被人遗忘。1888年，约翰·B·邓洛普又重新发明了充气轮胎。

自行车钢丝轮辐

1870年，英国人詹姆斯·斯达利发明了真正可靠耐用的钢丝辐条车轮，并将他们的发明用于制作当时已经较为普及的高轮自行车。

无内胎汽车轮胎

1950年代，无内胎汽车轮胎首次投放市场。其优点在于，它与有内胎轮胎相比更经久耐用，从而降低了轮胎故障率。

第二部分 古文明时期的世界

（公元前 3000 年至公元 3 世纪）

镜子的发明

　　镜子是人们日常使用且拥有悠久历史的一种东西。或许是在石器时代，人类首次在平静的水面上看到了自己的形象。数十万年之后，人类开始利用铜镜观察自己。在古埃及的墓葬中，人们发现了制作于公元前 3000 年至公元前 2800 年之间，由磨光的铜制成的铜镜，这是迄今为止发现的最古老的铜镜。

中国古代铜镜

　　在其他地方人们也发现了史前时期的镜子。在诺恩堡湖阿尔班港的桩基施工中，考古学家发现了公元前 2000 年前的金属镜子。公元前 6 世纪是伊特拉斯坎人的镜子制造业的第一个繁荣时期，大约公元前 300 年则是其最盛期。帕列斯特里那和伏尔奇是早期镜子制造业的中心。伊特拉斯坎人的镜子是一种用磨光的青铜制成的圆形手持镜，镜子后面雕刻着神话形象或日常生活中的场景。

古罗马的镜子制作者采用了新技术，他们打磨并抛光黑色的火山石黑曜岩或在反光的一面嵌入抛光的青铜板。据说公元前 214 年，古希腊物理学家阿基米德曾经利用金属凹镜点燃了罗马人的军船，但是真正有科学依据的是，公元 1010 年阿拉伯物理学家阿布·阿里·哈桑·伊本·阿尔·海坦掌握了凹镜的原理并制作出了精确的抛物面镜，今天广泛使用的汽车前大灯就是根据这一原理制造的。

13 世纪时，除了常见的金属镜子之外，首先从以玻璃制造业闻名于世的威尼斯开始，后面装有锡片和水银的平面玻璃镜也被投放市场，它是现代镜子的前身。1835 年，德国化学家于斯图斯·冯·利比希首次给透明玻璃面加上银层，然后再涂上一层保护漆，他因而成为现代镜子之父。

道教仙人长柄铜镜

为天文学研究提供了高质量的仪器

反射望远镜在现代天文学研究中被广泛应用，这是一种直径 8 米或更大的带凹面反射器的望远镜。2005 年，一架镜面直径达 11 米的巨型反射望远镜投入使用。为了能够清晰地再现遥远的宇宙物体，即使有 10 度至 20 度的温差，这架望远镜也不会因热胀冷缩而改变其结构。要制造出这种表面有涂层的镜面，即使用最高质量最纯净的玻璃也很难办到，因此在制造过程中使用了玻璃陶瓷（又称微晶玻璃），这是一种经过高温融化、成型、热处理而制成的一类特殊陶瓷与玻璃相结合的复合材料。如果玻璃受热而开始膨胀，那么其中的特殊陶瓷也会产生相应的力而收缩。甚至在百分之一毫米的范围内，这一重达 15 吨的天文望远镜也能够保持其形态的绝对稳定性。

上升为艺术品

镜子被应用于玻璃艺术是相对较晚的事情。一直到 19 世纪末，它的基本用途并未发生什么大的变化，要么被放在卫生间或卧室里，要么被用作为房屋装潢。尤其是巴洛克时期和 19 世纪，人们常常会给镜子装上豪华的镜框。甚至还为国王修建了四面墙壁全部装有大镜子的镜厅，从而能营造出特别的艺术效果。只是到了 19 世纪末，青年风格派艺术家才开始想到在镜子上作画并借此使它成为艺术品。今天的玻璃制造商借鉴了他们的做法，直接将图画印制在镜子上。有些产品还会经特殊的"老化"处理，通过所谓的涂层收缩而使镜面形成细小的裂纹。

玻璃镀银技术

19 世纪开始的玻璃镜制造业要归功于德国化学家于斯图斯·冯·利比希，因为是他发明了玻璃后面镀银的技术。其基本原理是，在玻璃表面涂上一层银沉积物，然后再在其上涂上一层保护漆以防受潮。今天的镜子制造也仍然沿用了这一技术，只不过有时会用真空镀铝来代替镀银，因为这不仅能缩短制作过程，还能提供更优质的产品。用于高质量光学仪器的镜面其涂层是位于反射面的。

镜子在科技中的应用

抛物面镜

中世纪，抛物面镜反射面为抛物面，光源在焦点上时，光线经镜面反射后变成平行光束。如今的汽车灯和探照灯中都装有抛物面镜。

反射望远镜

1668 年，英国物理学家伊萨克牛顿发明了反射望远镜，他在望远镜中安装了一面镜子，使用一个弯曲的镜面将光线反射到一个焦点上。这种设计方法比使用透镜将物体放大的倍数高出数倍，并避免了物体成像时的色差。现在所有的巨型望远镜大多属于反射望远镜。

八分仪

1731 年，约翰·哈德利和托马斯·戈弗雷独自分别发明了八分仪。这是一种用以观察天体高度和海上测量角度的反射镜类型的测角仪器。观察者可通过一面镜子同时看见地平线，它们之间的角度可用边缘标有刻度的象限仪测出。

单镜反光相机

1935 年，苏联制造出世界上第一台 135 单镜反光相机。1936 年，德国制造出第一台量产的 135 单镜反光相机。这种相机在取景时来自被摄物的光线经镜头聚焦，被斜置的反光镜反射到聚焦上成像，再经过顶部起脊的"屋脊棱镜"反射，摄影者通过取景目镜就能观察景物，并且影像并不是倒置的。

饮茶时间

茶已经有 5000 年的历史。大约公元前 2700 年，绿茶已在亚洲出现，红茶要略晚一些。茶文化的形成也有约 3000 年的历史了。关于茶树到底最早生长于何处这一问题，至今人们尚无定论。估计它可能起源于中国西南部高原地区或缅甸北部，也可能起源于印度尼西亚。

喝下午茶的英国贵妇

据中国古代的神话传说，公元前 2737 年，神农帝在河南省首次发现了茶，当时正在旅行途中的他欲享用一杯热水，碰巧有几片树叶落在了刚烧开的水里，据说神农自从喝过泡了这种树叶的水后，就再也不喝别样的水了。这也只是神话传说而已，并无历史依据，因为公元前 2737 年，中国既无帝国也尚未发明文字，尽管说他还写了一部药书[1]。其他关于茶的发现的传说都形成于较晚的时期。比较确定的是，公元前 221 年，茶在中国已成为家喻户晓的饮品了，因为秦始皇下令征收茶叶税就是

---

[1] 即《神农本草经》。——译注

《调琴啜茗图》局部。描绘了仕女们在室外庭院饮茶场景。

从这一年开始的。

最初，茶在中国更多的是作为一种药品，其次才是饮品。这在公元780年突然发生了变化，因为这一年中国诗人和哲学家陆羽撰写了一部三卷本的关于茶的著作《茶经》[1]，他因而成为亚洲茶道的奠基者。公元13世纪，茶由中国传入波斯，后又经阿拉伯商人和航海家传入欧洲并在那里成为一种昂贵的珍稀之物。自从荷兰人于1610年建立了东印度公司之后，较大数量的茶叶才开始被陆续运往欧洲。医生把它作为一种抗凝血、提高记忆力和增强免疫力的药物推荐给患者服用。把茶叶作为大众饮品的第一批欧洲人是英国人，虽然他们在17世纪更偏爱咖啡，但是1785年左右，英国仍然有大约30000家茶叶商。

"如同干草和大粪"

17世纪中期，茶成为英国上流社会的奢侈品。又过了一个世纪之后，茶在英国的伟大时代才真正到来。建于1600年的英国东印度公司的商船，在1690年每次就能向英国运送10吨左右的茶，在随后的一百年里，这个数字翻了400倍。但是真正让欧洲大陆认识茶的并不是英国人，而是先由荷兰人传给法国人然后再逐渐普及开来的。不过德国人最初对茶持保留态度，当普法尔茨的丽瑟洛特（她是法国国王的弟媳）见到茶叶时评价道："这茶在我看来就如同干草和大粪，这种又苦又臭的东西何以让人下咽？"

驰名世界的茶叶种植园

世界最重要的茶叶种植园位于印度，主要分布于北部的阿萨姆邦

---

[1] 陆羽（733-804），字鸿渐；唐朝复州竟陵（今湖北天门市）人，又号"茶山御史"。陆羽隐居江南，撰《茶经》三卷，这是世界第一部茶叶专著。——译注

和西邦加省以及南部的泰米尔纳都省和克拉拉省，斯里兰卡的茶叶也很有名，因该地旧称锡兰（Ceylon），所以这里产的茶叶也被称做锡兰茶。自 1826 年起，印度尼西亚也开始种植茶叶，这里出产的茶叶被荷兰人运往爪哇岛。非洲的茶叶种植园也是开始于 19 世纪，其中肯尼亚最多，其次是马拉维和莫桑比克。世界上其他地区的茶叶种植的规模和重要性，相对上述各地就小一些了，这是因为它们要么几乎不出口，如土耳其，要么主要出产绿茶，如台湾和越南。危地马拉和毛里求斯的茶叶则特别具有地方风味。

便捷的享受

袋泡茶是一个纽约茶叶进口商的发明，20 世纪初，这家公司开始供应一种装在丝袋子里的茶。不久之后，德国德累斯顿的一家名为茶壶的茶叶公司向德国军队供应装在棉纱袋里的茶。1920 年代，一家美国茶叶公司开发了一种用特殊羊皮纸粘合起来的茶叶袋，但是，冲泡后会带有胶水味道。1949 年，德国的茶壶公司发明了一种不含粘合剂的茶叶袋，从而解决了这个问题。

茶叶征服世界的历程

日　本

日本奈良时代（709—784），佛教僧人首次把茶叶从中国带入日本，当时茶叶被当作一种药材。

荷　兰

1610 年，一艘装满茶叶的荷兰商船首次驶入荷兰，茶迅速受到当地人的青睐。20 年之后，茶叶又从荷兰传入法国。

俄　国

1638 年，茶叶以更多数量经陆路传入俄国。实践证明，由沙漠商队运送的茶叶与那些由帆船途经潮湿的大海运送的茶叶相比，具有更佳的口感。

德 国

1657 年，德国诺德豪森的一家药店的药方中首次提到茶叶。1679年，在荷兰医生柯内留斯·德克尔帮助下，茶叶逐渐成为德国人日常享用的饮品。

城市排水系统

Kanal（下水道）这个词源于拉丁语的 canna，意思是小管道。据可靠历史证据表明，公元前 2500 年左右，利用非封闭的污水管道作为排水系统，在印度河流域的摩亨佐达罗文明时期就已经相当发达了。

在罗马时代，像罗马这样的世界大都市已经拥有优良的排水工程。生活污水和工业废水通过掩藏在街道下面的排污管道流入开放的渠道，然后注入河流，但大多数情况下是直接流入城市郊区的农田。罗马的排水系统大约修建于公元前 578 年，它原先是宽 2—3 米的开放的水沟，臭烘烘的污水穿过整个罗马城，公元前 184 年，罗马人不惜成本用砖头在水沟上面砌成一个拱形管道总算把臭味挡在了下面。这个下水道工程在那个时代是如此的卓越，以至于罗马人把它托付给了一个保护神：克洛希娜女神（Kloaquina，原意即为下水道）。

公元 9 世纪至 12 世纪，安第斯文明的城市中也拥有比较完备的排水网络。直到 19 世纪，欧洲许多城市的富裕家庭都是将污水排进自己修建的污水坑里。1842 年，汉堡成为德国第一个拥有地下排水系统的城市。但是这些污水并未经过净化处理。

难闻的气味

中世纪时，欧洲大部分地方尚无污水排放系统，那时生活在城市里的人们要么直接从自家窗子将生活污水——其中既有洗涮的废水也有小便——随便泼到大街上，要么让污水通过一个管道流到大街上。因此，直到文艺复兴时期，上流社会的女士出门时几乎没有不带伞的。

只有生活在乡下的农民才拥有粪坑，当然他们也不是出于卫生的考虑，而是为了给庄稼沤肥。

环境污染

由于拥有良好的净化处理技术，现代工业国家已经能够对被污染的水做循环利用。德国的许多河流和小溪里的水部分甚至已达到饮用水的标准。对水环境的要求特别敏感的一些小动物，如河蟹和河蚌又重新获得了新的生存空间。但是在大部分发展中国家，情况却并非如此。除了粪便排污之外，至今仍然有许多工业废水被直接排放入自然环境之中。施过化肥的土壤被水冲蚀也是工业国家的另一个问题。其中的硝酸盐会造成河流湖泊的污染物过多，这会对动物和微生物的生存环境构成威胁。

水保护的里程碑

化学净化设备

1874 年，英国拥有了第一套污水处理设备。它利用能够杀死病菌的化学剂对废水进行净化处理。

活性污泥法污水处理技术

1914 年，英国曼彻斯特化学家威廉迪布顿发明了世界上第一台生物净化设备，它以水中有机物为基质，依靠微生物吸附分解有机物，形成凝聚和沉降性较好的生物絮体，沉降分离后使污水得到净化。

生物反应器

1980 年，德国的拜尔和巴斯夫两家化工公司研发出了纯生物净化设备，其通风系统提高了微生物对污染物的分解能力。

肥皂的发展历程

远古时期，当人想清洗一下自己时，他会使用干净的水。假如黏在身上的脏东西比较顽固，他就借助沙子。而当衣服脏了，人们则使用其他方法。据出土的源自约公元前 2500 年的楔形文字陶片记载，苏美尔人那时已经知道利用肥皂来清洗棉织物了。

约公元前 200 年，古罗马人尚不知道肥皂为何物，当见到高卢人和日耳曼人使用肥皂时，他们认为那不是一种清洗剂，而更像是一种润发脂。他们把这种由油脂与草木灰混合而成的东西称作"Sapo"（肥皂）。罗马人使用热水清洗衣物，并在水中掺入少许沤过的小便。中世纪时，西班牙的制造工人开始使用橄榄油和海藻制成固体的肥皂。16 世纪，法国人将植物香精加入肥皂中使其具有芳香的气味，不过这种香皂主要是供给皇室和达官显贵们的。对当时的普通大众来说，用于美容的香皂尚属奢侈品，他们主要使用由大麻籽、亚麻籽或鱼与油苛性钾溶液混合制成的软肥皂，或是使用一种由廉价油脂制成的酪皂。只有到了 19 世纪，软肥皂和酪皂才逐渐被化学肥皂所取代。在制造这种新的化学肥皂时，人们利用氯酸盐作为漂白剂，并且用合成苏打替代了储存量不充分的钾碱。1876 年，德国人弗里茨·汉高（Fritz Henkel）创办的生产洗涤剂的工厂成为这一领域的革新者。

预防瘟疫

到了 19 世纪时欧洲人才开始考虑卫生防疫的问题，在迅速发展起来的大城市里，诸如斑疹伤寒这样的传染病，因无法控制而夺去了成千上万人的生命。科学家首次意识到瘟疫与恶劣的卫生条件之间的关系。19 世纪后期，法国科学家路易·帕斯特和德国科学家罗伯特·科赫利用病菌学证明了病原体的存在。也就是在这一时期，科学家们对改善卫生条件的呼吁在欧洲受到重视。不久之后，借以清洁身体的肥皂成为大众的日常用品。

保护皮肤和织物

我们今天在商店购买的肥皂其实严格说来并非肥皂，而是"现代洗涤剂"。由于古典意义上的肥皂的 pH 值超过 7，所以它是碱性的。

人用肥皂洗浴时，碱性反应会对皮肤产生副作用，它会破坏人体皮肤自然存在的酸性保护膜，导致皮肤弹性受损或皮肤过敏。由于呈酸性的汗液在纺织物中会形成脂肪酸分子，在洗涤时与呈碱性的肥皂混合就会导致衣物材料逐渐变硬。因此，现代洗涤剂的 pH 值要么是中性的，要么是弱酸性的。

时代变迁中的肥皂制造

钾盐肥皂

公元前 2 世纪，日耳曼人利用羊脂和灰制作肥皂，这是一种钾盐肥皂，但是它主要被用作润发脂。

碳酸氢钠肥皂

公元前 2 世纪，高卢人利用含钠的海藻灰制成固体肥皂，这种肥皂成为备受罗马人青睐的商品。

香 皂

16 世纪，法国人利用橄榄油、苏打粉和植物香精制成了新型肥皂，即我们通常所说的香皂，其特点是香气四溢，并且呈圆形。

软肥皂

19 世纪，合成苏打的生产以及价格便宜的油脂原料的进口，使得软肥皂成为批量生产的大众消费品。

水上直行道

古埃及人基于开挖农田灌溉运河的经验，于约公元前 2150 年建造了尼罗河运河，它是世界上第一条通航运河，河水流入土壤肥沃的南部地区。

法老尼科二世怀有更为宏大的志向，公元前 600 年，他下令开挖从尼罗河三角洲右岸通往红海的运河，直至公元前 490 年，这条水道才由波斯国王大流士一世完成。但是公元 8 世纪这条运河又消失在沙

中国扬州运河

漠中了。

建造运河是一项极其浩大的工程，只有高度发达的文明才能承担得起。中国的京杭大运河将国内自西向东流入大海的河流连接了起来，这条运河始建于公元前 5 世纪，其第一段于公元 610 年建成，公元 1300 年运河通至北京，也就是它的终点。京杭大运河全长 1782 公里，成为世界上最长的大运河。而查理大帝于 800 年左右下令修建的连接莱茵河与多瑙河的运河，在开挖几公里之后就被搁置了。

13 世纪，欧洲人建造运河的热情才重新恢复，因为这时他们掌握了借助水闸控制水位落差的技术，而中国人在 300 年之前就已经解决了这个问题。1667—1681 年，法国人修建了米迪运河；多级式闸门、双闸、槽闸和闸门吊船装置等使现代通航运河的建设进入一个新时代。

政治争端的对象

1866 年，君士坦丁堡苏丹王下令准许，1859—1869 年，法国人斐迪南·德·雷赛布主持修建，1882—1954 年它被英国人占据，1967 年，它又被以色列垂涎，自从建成以来，苏伊士运河一直就是政治争端的对象。法国人想从中获得经济利益，英国人欲借此保障其通往印度的水路，1956 年，埃及总统纳赛尔宣布苏伊士运河收归国有，此后曾数度爆发争夺运河的战争，但其主权至今仍为埃及所有。

大洋之间彼此靠得更近了

利用运河将两个海洋连接起来，这首先节省了交通时间。1893 年，科林特运河开通，它成为爱琴海与科林特湾之间最短的航程通道。

1880 年，法国人开始修建巴拿马运河，1914 年由美国人最后完成，它因而节省了绕行好望角的航程。1959 年建成的圣劳伦斯航道将北美洲五大湖与大西洋连接了起来，它成为煤炭和粮食等货物运输的重要通道，这个庞大的人工航道系统长 3770 公里，由闸门、水坝和水电站组成，落差达 183 米，万吨级的货轮也能畅行无阻。

欧洲重要运河的建成

北海—波罗的海运河

建成于 1895 年，位于德国北部易北河口的布伦斯比特尔科克港与基尔湾的霍尔特瑙港之间，横贯日德兰半岛，长 53 海里。 苏伊士运河它的开通使北海与波罗的海之间的航程缩短了 756 公里。

多特蒙德—埃姆斯运河

建成于 1899 年，是德国鲁尔区工业区至北海的重要水上通道，全长 269 公里。

米德兰运河

建成于 1938 年，位于多特蒙德—埃姆斯运河旁的许斯特与易北河边的马格德堡—罗腾湖之间，全长 321 公里，是当时欧洲最长的内陆航道。

莱茵河—美因河—多瑙河运河

1992 年通航，位于德国西南部，北起美因河畔班贝格，南至多瑙河畔凯尔海姆，全长 171 公里，它将莱茵河与多瑙河两大水系连接了起来，从而形成了一条 3500 公里长的跨国水上通道。运河内可通行长达 110 米的船只。

公共浴池

　　"日夜舞蹈寻欢作乐，你的衣服要干净整洁，也别忘了，洗洗你的头并到浴池里泡个澡！"这是人类历史上最古老的叙事诗、公元前

古罗马浴池

2世纪美索不达米亚的英雄史诗《吉尔伽美什》中的诗句。上面提到的建议并不是针对普通大众的，这种私人浴池只有上层阶级才可能拥有，公元前1800年左右，古巴比伦的皇宫里就已经有浴池了。

公元前4世纪，希腊才首次出现穷人也可以入内的公共浴池，其中的矿泉浴场特别有名。矿泉浴有医治疾病的作用，因此这种大自然的神秘力量也成为宗教崇拜的内容，许多宗教都强调沐浴的价值。摩西戒律中就有关于沐浴仪式的规定，沐浴在伊斯兰教中也成为礼拜仪式的一个组成部分，印度教教徒在圣河里洗涤自己的罪孽。在古罗马，公共浴池成为人们的一种奢侈的感官享受，其中许多是具有医疗作用的温泉浴场。这种洗浴传统随着西罗马帝国的灭亡而中断，并且基督教教会甚至还认为它是一种罪孽，因为中世纪的公共浴池不仅用于清洗身体，而且还被用作妓院。随着近代工业的发展和城市的增长，公共浴池才又逐渐恢复，其主要原因在于，为防止瘟疫，清洁身体是绝对必要的事情。在浴场里，男人和女人被隔板分开两处。1960年代，苏黎世湖的公共浴场也仍是男女分开的。

游泳馆已是古老传统

古罗马时代，在当时的许多帝国行省，就已经出现了许多上有顶棚的公共浴池。但是，在此后的13个世纪里，欧洲人不得不放弃这种奢侈的享受。中世纪为数不多的"浴室"也不过是可以在里面坐浴的圆木桶，在里面洗浴根本谈不上是一种享受、放松或乐趣。1500年左右，欧洲出现了露天的温泉浴场。1742 年，伦敦人拥有了现代意义上的室内游泳馆，并且在一年之前他们也修建了城市露天游泳池。不过此后的发展比较缓慢，又过了 32 年之后，美因河畔法兰克福的市民们才自豪地拥有了自己的室内游泳馆，它也是此种类型的德国第一个游泳馆。

游泳成为一种体育项目

19 世纪，随着人们对健康的更多关注，体育运动的意义也受到人们的重视。1810 年，德国的普夫塔学校已经开设游泳课，这在德国历史上也是首次。当然，合适的运动场所当时还是缺乏的，因此，人们不得不将河流、湖泊甚至大海作为举办比赛的场地。1896 年的奥林匹克游泳比赛也是在海水里举行的，四年之后，塞纳河又成了奥运会游泳比赛的场地。1904 年，世界上第一个奥林匹克游泳池在美国圣路易斯诞生。

欧洲著名浴场和疗养温泉

卡尔斯巴德

14 世纪，波西米亚具有医疗作用的温泉浴远近闻名，这里在 18 世纪发展为驰名世界的疗养胜地。

洛伊克巴德

18 世纪，瑞士的洛伊克巴德已成为享誉世界的温情疗养地，这里的泉水温度约摄氏 51 度。

斯帕 [1]

18、19 世纪，比利时的斯帕镇成为欧洲最著名的豪华温泉疗养地之一。欧洲不少权贵都纷纷来此疗养，据说，彼得大帝也曾来到斯帕领略水疗的神奇。至今这里还有一眼喷泉就叫"彼得大帝泉"。

沃里斯霍芬温泉

1848 年，沃里斯霍芬的牧师塞巴斯蒂安·克内溥开发出了一种新

---

[1] 斯帕（Spa）这个词来自古罗马的 SPARSA，意为喷涌。——译注

型的水疗和温泉浴，从而使这个地方成为世界知名的疗养胜地。

醉人的馨香

　　古巴比伦城市马里位于今日叙利亚与伊拉克交界处附近，这里出土了 25000 件楔形文字陶片，其中有源自公元前 1800 年左右的文字，内中有关于国王使用的"卫生用品"的记载，其中提到的用雪松、柏树、橄榄、姜、没药和经过香蒸馏混合而成的香水，这可能是历史上最早的香水。

　　在美索不达米亚，香主要用于宗教仪式，而同一时期的古埃及人则使用香来愉悦自己，并且它也是一种社会地位的象征。古罗马时代，香料已经是一种日常用品，罗马人已经用它制作出了真正的香精。带有异香的木材、香草、松香或动物成为抢手的贵重商品。随着罗马帝

香水制造者（恩斯特·罗道夫　作）

国的灭亡，欧洲的香水时代也告一段落。基督教教会禁止使用这种带有迷惑作用的东西。14世纪的药剂师们利用特殊渠道搞到香水，然后在其中加入酒精作为溶剂。15世纪，首先在威尼斯，香水又成为大众消费品。巴洛克时期，尤其在上流社会，味道特别浓的香水比较受欢迎，因为香水可以抵消那些达官贵人身上穿的繁琐衣服里洗涤时遗留下的肥皂味。法国大革命结束了巴洛克式的浮华生活，但是拿破仑上台后，香水重又焕发出生机，甚至可以说，他也是古龙水的开路先锋。

秘密配方

香水是一种香精油、固定剂与酒精混合而成的液体。但是一种香水的配方是很复杂的。有些香水混合了许多相同的基本成分，但是滴入几滴可能很难闻的其他液体之后，就可能使它变成世界知名品牌。这种特殊配方很难做化学分析。因此，香水大师的鼻子是无价之宝。

香水瓶

贵重的香水也需要贵重的容器。香水容器的选择对于保持香水气

伊特拉斯坎香水瓶

古希腊香水瓶（现存雅典阿特卢斯柱廊博物馆）

味至关重要，首先它的密封性必须要好，以保证香水的芳香不至于流失，其次，容器本身不能有异味混入香水中。所以，美索不达米亚人除了使用上釉的陶器之外，主要还使用材质坚硬的金刚石和玄武岩做香水容器，后来还使用雪花石膏。公元前 2 世纪，玻璃香水滴壶比较流行。伊特拉斯坎人使用镶金的玻璃小瓶做香水容器。而古罗马人则使用一种皮制管子盛放廉价香水。如今比较贵重的香水通常都被装入密封特别好的带喷嘴的瓶子。

几种重要香水的发展

伊丽莎白—雅顿

1915 年，加拿大人弗洛伦丝内丁格尔戈拉汉姆以"伊丽莎白—雅顿"为名创建了自己的香水品牌，这是该美容产品系列的第一个。

香奈儿 5 号

1921 年，法国时尚设计师恩尼斯·鲍与香奈尔共同创建了"香奈儿 5 号"这一香水品牌，它是全球第一支乙醛花香调的香水，它的香味由法国南部的五月玫瑰、茉莉花、乙醛等 80 种成分组合而成。

太阳王

1946 年，意大利著名时尚设计师创建了"太阳王"香水品牌，西班牙著名画家萨尔瓦多达利亲自为其设计了玻璃香水瓶。

男士香水 "Egosite"

1990 年，法国导演让保尔古德在巴西仿造了法国著名的卡尔顿酒店，目的是为香奈儿的男士香水品牌"Egosite"拍摄广告短片。

中央供暖

约公元前 1900 年，在克里特岛上建成了克诺索斯宫，关于这个宫殿流传着许多神话传说。公元前 1500 年它已经拥有了世界上第一套中央供暖设施，这是一个历史事实。其基本原理是：用火制造出来的热量通过在地下延伸管道内循环而达到取暖。假如我们相信神话传说，那么宫殿下面的地下迷宫就是牛头怪弥诺陶洛斯的居所。

利用地下通道取暖的方法是如此具有革命性，以至于它的应用持续了将近一千五百年，直到下一代类似的取暖方式出现。约公元前100 年，罗马人赛尔鸠斯奥拉塔利用地暖为他的养鱼池加热。地暖供热的方法在罗马的公共浴池和私人别墅里也迅速普及开来。随着罗马帝国的灭亡，这种取暖方法也逐渐被人遗忘，到了 1713 年，法国人和荷兰人又重新采纳了这种方式。1716 年，英国人首次使用热水取暖方法，他们在房间内铺设水管，经过集中加热的热水从管道内流过，从而达到取暖的目的。1830 年，散热效果更好的肋排式散热片逐渐取代了老式散热管。不过这仍然只是单个建筑的集中供暖，到了 1880 年，美国洛克波特才首次利用远程管道实现了整个城区的集中供暖。这种方式一直被沿用至今。

古罗马时期的地暖

古罗马时期的地暖是通过地面加热达到取暖目的的，它与现代的地暖基本类似。所不同的是，今天的地暖是让热水循环流过铺设在地板里面的管道达到取暖效果，而古罗马人的公共浴池和私人别墅里的地暖，是让热空气在房间下面的通道里穿行而达到取暖效果的。除此之外，他们的墙壁的砖上也留有与地下通道相通的空洞，地下的热空气进入这些空洞后，墙壁也因此可以用来取暖。这种取暖方式在罗马的公共浴池里非常受欢迎。

始终获得所期待的温度

现代的中央供暖设施在技术上已经非常成熟了，因为配备了室内和室外温度计以及温控阀，人们可以比较精确地控制温度。但是通过燃气或燃油制造出来的热量并不能百分之百地转化为热水，因为其中的一部分热能通过光和热辐射而流失了。所以，我们应该通过改进现代技术，将这些被浪费的热能转化为电能，从而使中央供暖带来的废物得到再利用。

时代变迁中的取暖炉

封闭取暖炉

8 世纪，欧洲首次出现了用于房间取暖的封闭取暖炉。9 世纪出现的瓷砖壁炉可能是瑞士人的发明。

铸铁取暖炉

13 世纪，德国人首先制造出了铸铁取暖炉。与其他材料的取暖炉相比，铸铁取暖炉的优点在于，它能够更长时间地储存热量。

"圆铁炉"

17 世纪至 20 世纪，铁制取暖炉一直比较流行，因为它的形状为圆形，所以也被称作"圆铁炉"。

油取暖炉

20 世纪后半期，油取暖炉逐渐取代了过去的木柴和煤炭取暖炉。

指南针的发明

中国是世界上最早发明指南针的国家，据可靠文献记载，早在公元前 8 世纪至前 3 世纪的春秋战国时代，就已"立司南以端朝夕"。最早的指南针是用天然磁体做成的，当接触磁铁矿时，人们首先发现了磁石吸引铁的性质，后来又发现了磁石的指向性。中国最早发明的磁性导航仪器是指南针和水浮针。

司南

虽然中国人公元前就已经了解到铁可以磁化，并将它用作海上航行的方向定位，但是真正技术成熟的指南针到了 1100 年左右才问世。另据记载，欧洲的维京人这一时期也知道利用磁石来确定方向了，只

不过他们的目的是把它用于海上盗抢。一个
航海舵手能够精确掌握海上航线，这要感谢
意大利航海家的贡献，因为他们将磁针与 32
个罗经组合到一起发明了罗经刻度盘。借助
于这种罗经盘，葡萄牙人和西班牙人在 15、
16 世纪才得以发现了地球的另一半。指南针
最大的问题是，它在波涛颠荡的海洋上很难
保持平稳。机智的航海家与物理学家将指南
针放置在相互联动的转轴上或放入盛满液体

罗盘

的容器内，以降低它晃动的幅度。1906 年，德国的安休兹发明了陀螺
罗盘，它是一个具有下摆性的双自由度陀螺仪，水平放置的内环轴称
倾斜轴，垂直放置的外环轴称方位轴。内环上有一摆组件，它的敏感
轴与倾斜轴平行，输出信号经放大后输送到两个轴上的力矩器，分别
在倾斜轴上形成修正力矩，在方位轴（或倾斜轴）上形成阻尼力矩。
陀螺罗盘不依赖地磁场，不受地区磁场和载体干扰磁场的影响，可以
广泛用于航海和航天技术中。

指南针用于航海

当初磁针曾被中国人用作测量风水修建房屋和墓地，在欧洲人和
阿拉伯人那里，磁针却成了帮助他们的航海家安全抵达亚洲、非洲和
美洲的航海工具，而这时的波利尼西亚人也许只是借助他们较为精确
的海潮和天文知识从事航海旅行。只有借助地图、指南针和用以确定
位置和速度的仪器如量角器，真正安全的远洋航行才能实现。

哥伦布发现磁偏角

1492 年 9 月 13 日至 14 日，哥伦布在航海日志里写道："我现在
面对着一个谜。我想我是在做梦。磁针不是指向正北极，而是偏向西
北方大约半个刻度。我们越往西航行，指针偏离得就越多。大家都发
觉了这个不可思议的现象，这比一望无际的海洋还要令我们感到恐惧。"

罗盘　　　　　　　　　　司南　　　　　　　　　　罗盘

他当时还不知道，磁极与地理上的北极并不一致，这个谜直到 19 世纪才被解开。

指南针的先驱者

王　充

公元 83 年，中国东汉的王充（27—约 97）在其《论衡》一书中提到的司南是指南针的最早形式。他写道："司南之杓，投之於地，其柢指南。"

皮埃尔·德马里克

1269 年，法国学者皮埃尔·德马里克撰写了《地磁学》一书，这是欧洲第一部关于地磁的著作，书中还提到 1200 年左右在欧洲首次出现的指南针。

弗拉维奥·德乔亚

1302 年，意大利航海家弗拉维奥·德乔亚发明了罗经刻度盘，它首先在德乔亚的故乡城市阿马尔菲被航海者使用。

卡尔·班贝格

1875 年，德国柏林的光学仪器制造者和机械师卡尔·班贝格发明了悬浮式液体罗盘仪。

钱币的问世

历史上已知的最早的硬币是含银的金块，它大约源自公元前 7 世纪，出土于希腊城市伊菲索斯的阿特米斯神庙。在那个时代，古希腊的货币经济已属先进，因为在过去相当长的时间里一直通行物物交换。而如今钱币已经统治了整个世界，不管它以何种形式。

钱币的诞生之路相当漫长。人类最初的交易是通过物物交换实现的。人们也已普遍认可贵重的物品作为交换物，即所谓的实物钱币。在选择交换物时，人们很早就注意到了具有稳定特性的金属。使一块金属变为钱币，重量和纯度是其关键。作为价值标准，它的加工方式和数量也起决定作用。货币经济在整个希腊世界迅速传播开来，约有1400 个城市都铸造了不同形式的钱币。不过，这些钱币的流通范围也仅限于当地。与此不同的是，古罗马将整个帝国的货币纳入了统一的标准。中世纪初期，钱币失去了它的意义，直到 14 世纪钱币铸造权重又集中到统治者的手里。在此期间，贵重金属替代了普通金属。在所有文明国家，金币成为最重要的支付手段。随着交易量的不断增加，金币已无法满足需要，这时人们才开始考虑寻找替代品。

公元 7 世纪，中国唐朝有一种类似存单的货币，商人可以拿着它到指定的地方领取钱币，这是纸币的最初形式。又过了两百年之后，真正的纸币才在中国四川诞生。宋代时，铜钱和铁钱并用，四川地区则专用铁钱。当时，四川是盐、茶、丝绸的重要产地，货币流通很大，但铁钱非常笨重，随着商品经济的发展，铁钱不便流通的弊病越来越

中国古币

突出，宋真宗时（997—1022）成都有十六家富商共同印制发行了代替铁钱的纸币"交子"，上面印有房屋、树木、人物等图案，还有签押作为暗记。它可以兑换现钱，也可以在市场上流通。"交子"是世界上最早的纸币。

欧洲最早的纸币是由斯德哥尔摩银行于 1656 年发行的。四年

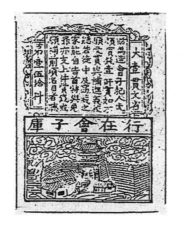

中国宋代会子

中国宋代交子

拿破仑三世金币

法国古币路易十六

之后，英国也发行了纸币。到了 20 世纪，非现金支付已成为相当普遍
的事情了。

繁忙的交易

实物钱币是最早的货币形式。在古代，武器、农耕用具或日常家
什都曾经是交换和支付手段。希腊早期，人们曾把铁针和锅用作实物
钱币，印第安人则用衣物或被子，而中国古代曾经用发叉。较为贵重
的物品也曾被用作支付手段，比如在中国有：珍珠、首饰以及货贝。
动物也是一种特别重要的交换物，比如：赫梯人用羊作交换物，希腊人用牛，蒙古人用马。粮食也常常被用作交换物，比如古巴比伦人用大麦。

欧元——欧洲的共同货币

1999 年 1 月 1 日，欧盟成员国中的 11 个国家首次开始使用统一的货币。起初，欧元只作为非现金支付手段。自 2002 年起，德国马克、法郎、比塞塔和里拉最终退出了历史舞台。发行的欧元中有 1 欧元和 2 欧元的硬币，有 5-500 欧元的纸币，还有六种不同的分币。欧元硬币正面的图案是统一的，反面的图案可由成员国根据国情自行设计。自此以后，人们在出国旅行时不用再考虑换汇的问题，对消费者更为重要的是，他可以更好地比较价格并选择价廉物美的商品。由于货币之间的障碍消失了，跨国贸易因而变得更为活跃起来。世界上最大的货币联盟就这样诞生了。

几种重要货币的应用

英　镑

796 年，盎格鲁撒克逊国王欧法冯麦西亚与查理大帝签署了一项协议，共同将银硬币"镑"作为流通货币。

德国马克

1623 年，北德的先令首次被称作马克。1871 年，德意志帝国建立之后，马克成为德国统一的货币。

美　元

1792 年，美国通过铸币法案，根据这一法案，一美元折合 371.25 格令（24.057 克）纯银或 24.75 格令（1.6038 克）纯金。1900 年，美元纯金货币诞生，其含金量固定为 1.50463 克。1944 年，美元成为重要的国际通行货币。

法　郎

1360 年，法国开始铸造金币，并被称作"法郎"（Franc）。1796 年，法郎成为法国统一货币。法郎也是比利时、卢森堡和摩纳哥的流通货币。

世界地图

　　作为艺术和科学的地图学在欧洲约始于公元前550年的希腊米利都，那时的地图设计者并非土地测量员，而是哲学家。今日的地图学借助于卫星和计算机能够绘制出非常精确的地图。

　　很久以前，在人类的想象中，世界是非常小的。随着地理发现的增加，人类观念中的世界也才变得越来越大起来。公元前3800年的巴比伦陶片上有一幅所谓的"世界地图"，上面仅包括从美索不达米亚至黎巴嫩的近东，这是现存最古老的地图。又过了三千年之后，米利都的哲学家阿纳克西曼德认为，我们的地球是个被空气和火包围着的圆柱体。基督教中世纪的世界地图是以"永恒的视角"绘制出来的，其中也包括天堂，它位于遥远的东方，那时人们既不知道美洲，也不知道太平洋。到了15世纪，真正具有科学性的世界地图才出现。从那以后，世界地图变得越来越精确了，高科技的仪器也在地图绘制工作中扮演着重要的角色。人造卫星和计算机，以及飞机和照相机都已成为地图绘制工作者必不可少的工具。借助于数字化的地势模型，地形

1627年的一幅
世界地图

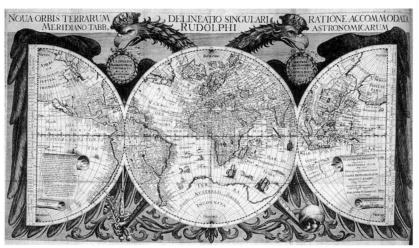

图就可以被自动绘制出来。

是圆盘还是球体

　　自文艺复兴以来，地球不再被认为是一个平面圆盘，而是被看作一个球体——古希腊人已经认识到了这一点。地图绘制者借助于图像投影技术绘制出二维地图。世界最早的地球仪是由德国纽伦堡的航海家马丁·贝海姆于 1492 年发明制作的，它至今仍被保存在纽伦堡博物馆里。告别托勒密的地球中心说是人类宇宙观的下一个伟大进步，天文学家开普勒和伽利略对此作出了卓越的贡献。

测绘宇宙

　　人类不仅能够测量地球，而且也开始测量宇宙。天文学家们测量宇宙的能力已超乎人们的想象力。现代光学仪器的探测范围已不再局限于太阳系，而且能够探测到正在从一个中心向外逃逸的千亿个星系。宇宙图形的绘制只能在计算机上完成，传统的地图或地图册已无法胜任这一工作。现代科学对宇宙已经了解得太多了，少量图纸已很难再容纳如此丰富的信息量。

地图学的几个重要发展阶段

地球周长

　　公元前 240 年，在埃及亚历山大的希腊学者埃拉托色尼已经非常精确地计算出地球周长为 39700 公里，这与地球实际周长（40076 公里）相差无几。

坐标系

　　约公元 150 年，希腊博学多识的大学者托勒密发展了坐标系理论，并为地图绘制提供了一个指南。

地球仪

　　1492 年，纽伦堡的航海家和地理学家马

托勒密编写了 8 部地理学指南所附 27 幅地图是世界最早的地图集

丁·贝汉姆制作出了世界上第一个地球仪，其上显示有欧洲以及非洲和亚洲的一部分。

全球定位系统

1973 年，人类第一次不再需要在地图上寻找自己所处的位置了，全球定位系统（Global Positioning System，缩写为 GPS）已经能够精确地将它显示出来。

百科全书

Enzyklopaedie（德语：百科全书）这个词源自希腊语 εγκκλιο（拉丁字母：enkyklios）和 παιδεα（paideia）。Enkyklios 意思是"循环"，paideia 则指"教育"。公元前 4 世纪，柏拉图的学生斯波希伯试图通过系统的百科全书将读者引入知识的领域。基督教中世纪则认为，百科全书式的知识只是通往真正的上帝之认识路程上的一个起点，百科全书是一切科学和艺术的基础知识。

古代的学者们就怀抱着一个愿望，他们试图将他们那个时代的所有知识收集整理到一起，以扩大同代人知识的视野。早期的知识收集者们按照主题范围分门别类地整理出版他们的著作，除了传达知识之外，另一个重要目的是让读者能够体会到阅读的快乐。罗马时期的老普林尼（约 23—79）编撰的《博物志》（Historia naturalis）已经多达 37 卷，这是世界上最早的百科全书之一。也同样在公元 1 世纪，韦里乌斯弗拉库斯编撰的百科全书是按照字母顺序排列的，读者可以迅速查找希望找到的知识，这种尝试已经是具有现代意义了，但是在他之后的几个世纪里却几乎无人效仿这一做法。公元 6 世纪的奥勒留·卡西奥多以及公元 7 世纪的伊西多尔·冯·塞维拉编撰的百科全书都散发着基督教的精神气息，不过其中也包涵非基督教的古希腊罗马的知识。百科全书的编写是一件非常辛苦的工作，它的内容必须不断地扩充，一些事实材料也必须经过繁琐的审核。虽然西方基督教世界的百科全

永乐大典

书的内容变得越来越丰富，但是与中国人编撰的百科全书相比仍然相形见绌，15世纪初，明代永乐年间完成的《永乐大典》共计22937卷、目录60卷，分装成10095册，全书约3亿7千万字。如果说早期的百科全书更多带有说教的味道，那么现代百科全书如《布罗克豪斯百科全书》、《迈耶尔百科全书》、《贝塔斯曼百科全书》、《拉鲁斯百科全书》以及《大英百科全书》，则更多包涵一些理性客观的内容。

启蒙精神中的百科全书

由德尼·狄德罗和达朗贝尔主编的《百科全书，或科学、艺术和工艺详解词典》（通常称为《百科全书》，编撰于1751—1780）是启蒙运动的经典作品。参与撰写词条的除了科学家之外，还有许多重要哲学家如卢梭、孟德斯鸠和孔多塞。

多媒体工具书

进入21世纪，专家们感觉松了一口气，因为书籍仍然富有生命力。不过要看是哪些书籍。那些多达N卷的大百科全书很少有人问津，只

布罗克豪斯大百科全书（1902）

狄德罗主编的百科全书

有一些不想追随时尚并喜欢那种传统书籍质感的读者还对其情有独钟。就信息的容量和使用的便捷来说，作为 CD—ROM 的光盘更具优势，而且其中还可以存储声音和视频图像等。今天人们动一动鼠标就可以通过互联网获得一些时事性的信息。

几种重要的百科全书的诞生

《大英百科全书》（Encyclopedia Britannica）

1768 年，第一个版本的《大英百科全书》，又译《不列颠百科全书》开始编撰，1771 年完成，共 3 卷，如今这套工具书已被扩充至 32 卷，它由《百科类目》、《百科简编》和《百科详编》三部分组成。

《科学与艺术综合大百科全书》（Allgemeine Encyclop die der Wissenschaften und Künste）

这套未完成的德语百科全书，是 19 世纪由艾尔什（Johann Samuel Ersch）和格鲁伯（Johann Gottfried Gruber）主编出版的。第一册于 1818 年在莱比锡面世，至 1889 年被迫中断时已完成 167 卷。其内容之广博堪称欧洲之最。

《特别为当代撰写的百科全书》（Conversations—Lexikon mit vorzüglicher Rücksicht auf die gegenwärtigen Zeiten）

这套百科全书由勒贝尔（Renatus Gotthelf L'bel）和弗朗克

（Christian Wilhelm Franke）合著，于 1796—1808 年间在莱比锡发行。后来的《布罗克豪斯百科全书》 （Brockhaus Enzyklopä die）就是由它发展而来的。

《大拉鲁斯百科全书》（Grand Larousse Encyclopedie）

1865—1876 年，第一版的《大拉鲁斯百科全书》诞生。这套法国内容最丰富的百科全书由 60 卷组成，自 1971 年至 1976 年陆续面世。

天文台

人类对于星空的兴趣就和人类本身一样古已有之，因为星体的运行一直以来都与地球上的人类生活息息相关。约公元前 300 年，巴比伦人就已经开始站在他们修建在古老寺庙中的天文台上定期观察天文现象了。

在古代，解释天象一般都是司铎们的事情，早期的天文台也大都建在寺庙和圣所，如史前时期的巨石阵，以及墨西哥欧美肯人和两河流域的美索不达米亚人的古观象台。在早期较发达的人类文明中，观象台主要服务于实用的目的，如制定历法或确定宗教仪式举行的最佳时间。15 世纪的印加古观象台则将上述两种功能集于一身。公元前 2 世纪中期，古希腊科学家尼西亚的希帕科斯（Hipparchos von Nicaea）试图在天文现象的背后探寻普遍有效的规律，古希腊最重要的天文台位于罗得岛上。怀着同样的目的，阿拉伯人、波斯人和蒙古人也分别在巴格达、开罗和撒马尔罕修建了规模较大的天文台。其中撒马尔罕的兀鲁伯天文台位于今天的乌兹别克斯坦的撒马尔罕东北郊， 建于 1428 - 1429年，是中世纪时期具有世界影响的天文台之一。1471 年，在德国天文学家约翰内斯·雷格蒙塔努

中国登封观象台

中国北京古观象台

玛雅人的观象台

秘鲁查基洛天文台遗址

斯（Johannes Regiomontanus，1436—1476）的倡议下，纽伦堡天文台建成，这是欧洲首座较大规模的天文台。随着 1608 年望远镜的发明和 19 世纪中期高能天文望远镜的问世，行星和银河系与我们之间的距离似乎越来越近了。自 20 世纪末以来，这种用于特殊研究目的的天文台大都建在远离人类文明的高山上，因为那里的云层较为稀薄，空气也较纯净，进行天文观测时会少一些障碍和"光线污染"。基于此，欧洲南天文台（ESO）和美国洲际天文台（又称托洛洛山泛美天文台，位于智利圣地亚哥以北约 600 公里安第斯山脉的托洛洛山山顶）都躲避到了智利的大山上。人类的某些"天眼"（如哈勃太空望远镜）甚至被送入太空去执行特殊任务。

凹面镜中的遥远星系

物镜在技术上功能上是有局限性的。若想更精确地观察或拍摄隐藏于遥远太空中的天体，我们只能借助于反射望远镜。这种精密仪器的核心部分就是直径达数米的抛物面镜，它是采用不受温度变化影响的材料制成的，能够捕捉到遥远的恒星和星云发出的光。经过数十个镜面和透镜的反射之后，它会在镜筒内呈现图像。若想捕获"不可见的"宇宙辐射，那么射电天文望远镜就可胜任这一工作，其抛物面天线的直径可达 100 米以上。

几种重要天文仪器的发展

等高仪

1050 年，在古代浑天仪的基础上，人类发明了等高仪，借助它我们可以确定天体的位置及其运行轨道。

子午环

1704 年，人类发明了子午环，它是用来确定天体赤经和赤纬的仪器，借助它我们可以精密测定天体过子午圈的时刻和天顶距。

象限仪

16 世纪末，英国航海家约翰·戴维斯发明的象限仪曾用于航海时测量地球的纬度。现存于北京古观象台的象限仪制造于 1673 年，它是专门测量天体地平高度的观测仪器。

六分仪

1730 年，托马斯·戈弗雷和约翰·哈德利独自分别发明了八分仪，这是一种可在海上测量角度的仪器。1757 年，坎贝尔以八分仪为模子，发明了六分仪，六分仪较之以往的测纬度的星盘和直角象限仪等其精度有较大的提高。六分仪的弧长约为圆周的六分之一，也可用以测量天体的高度。

火 药

很长时间以来，关于谁第一个发明了火药的问题一直不为人知。据科学研究，中国人在公元 9 世纪的时候用火药制成了信号箭和爆竹。据推测，火药早在公元 250 年的时候就已经在古代中国出现，而且既被作为爆竹的原材料，也被用作吓唬潜在敌人的心理武器。

13 世纪以后，中国人才开始制造真正意义上的射击武器。火药武器第一次投入使用是在公元 1232 年，金皇帝哀宗下令点燃一枚炮弹，投向正在进攻北京的蒙古军。之后不久，中国的焰火发展成了用火药推动的火箭。据 1259 年的宋史记载，火铳已经具备了火药武器的特征。

火药－魔鬼般的发明

该项新技术经由阿拉伯传到欧洲，1313 年德国僧侣贝托尔德·施瓦茨新发现了由硝石、硫磺和木炭混合成的火药。他发现的这种混合火药成为较大子弹的推动材料，因此他也被视为真正的轻武器的发明者。然而这位上帝的仆人的先驱行为却给他自己带来了灾难，据说因为这项发明他被判了死刑。

1517 年，纽伦堡的钟表制造商约翰·基弗斯和库弗斯用第一个能正常使用的、不需要

1862年代的火炮

火炮

外部火源的点火索代替了导火线点火，从而简化了步枪。16世纪时，德国出现了大量带有远程定时点火器和自动发射装置的武器和火药雷。从公元1666年起，法国南部的人首次把火药用于地下工程中行船隧道的爆破，1830年，英国人菲兰德·肖首次将现代岩石爆破技术用到采矿业中，此外19世纪的人们也开始研制出许多新的爆炸材料。

最古老的火药

今天许多应用于常规武器的炸药都被称为火药。严格意义上来说，火药或"黑色炸药"指的是由64%—80%的硝酸钾、5%—30%的硫磺和5%—25%的木炭混合而成的，期间这种最古老的、著名的火药还一直应用在导火索的生产、烟火技术和采石场中。火药对击打不敏感，点火的时候会爆炸，起一种纯粹的助推作用，也就是说，它把子弹"推"向前方。

战争中火药的使用

直到19世纪，传统的火药都还是战争中使用的唯一爆炸材料，1884年，法国化学家保罗·玛丽·维埃耶研制出了一种使用安全、无味的火药，他将硝化棉在乙醚和乙醇中溶解成凝胶状，然后通过晒干使其变硬。阿尔弗雷德·诺贝尔于 1887 年制造了一种类似的名为"无烟火药"的军用炸药。适用于战争武器的火药也伴随着 TNT 的产生出现了，自此以后它便成为了最重要的常规军用炸药。

完善的烟火制造术

现代的烟花爆竹主要包含硬纸或塑料外壳内的烟火填充物，填充物主要由氧化材料和燃料组成。发光剂必须要达到很高的燃烧温度，除了硝酸盐，它还含有像镁和铝之类的能形成具有高熔点的稳定燃烧物的燃烧材料。五颜六色的光是由碱盐、碱土盐和铜盐发出的。有声音的烟花爆竹是因为使用了芳香碳酸、酚或者它们的盐和作为氯化物的氯酸盐。

早期用火药制成的射击武器

迫击炮

1453 年，在康士坦丁堡王朝的包围中，土耳其炮兵手第一次使用了所谓的迫击炮，早期的带有短管道的火炮。

手　枪

约 1460 年，欧洲造枪工人尝试性地制造了第一把手枪，这款枪为前膛枪，并且安装了一个轮锁。

机关枪

1718 年，英国的发明家詹姆斯·派克获得了带有石锁手摇柄和一个圆形弹仓的、能够正常使用的机关枪的专利权。

后膛枪

1769 年，奥地利的轻骑兵装备了所谓的滑膛枪，这有可能是首次将后膛枪用到军事中。

第三部分　中世纪时期

（6 世纪至 15 世纪）

火　柴

据历史学家研究，最先学会使用火的是中国人，他们早在欧洲人贝托尔德·施瓦茨之前很久就发明了火药，他们是第一个点燃烟火和火箭的人，同时，中国人也是火柴的发明者，公元 577 年，中国北部的妇女就已经开始使用火柴来生火做饭和取暖了。

欧洲人那个时候对中国的这种日常生活用品还一无所知，他们将火柴的发明归功于炼丹术士们所钟情的玩火游戏。公元 1786 年，法国人克劳德·路易斯·贝托莱成功地生产出作为纯盐的氯酸钾，当他把这种盐和可以燃烧的材料揉在一起的时候，通过挤压或碰撞会产生爆炸。19 世纪晚期，他的同乡让·克里斯蒂安·夏赛尔利用这一知识发明了"浸泡火柴"，它们是带有由硫磺、橡胶和氯化钾组成的涂层的小木片。把沾有钾盐的末端浸入硫酸中的时候，钾盐会让硫燃烧，然后硫会把木棒引燃。1816 年，又是一位来自法国的化学家找到了火柴进一步发展的基础：查尔斯·德罗内发现了点火物质磷。1832 年，这种物质被德国的约翰·卡莫尔应用于磷火柴的研制中。同时代许多发明家都发明了划火火

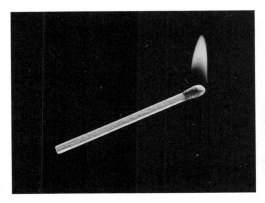

火柴

柴，由此第一根真正的火柴诞生了。直到1850年，瑞典人约翰·朗德斯托姆才发明了只能在特定的刮擦面上引燃的安全火柴。

然而直到1945年以后，火柴行业才凭借新的安全火柴的生产经历了巨大的繁荣。20世纪末，由于便宜的一次性打火机的推广，火柴逐渐失去了其存在的意义。

艰难的生火

大约在公约前12 000年，人类第一次自己生火，通过用火石击打特定的矿物——例如含铁的黄铁矿，然后用火星将草或树叶点燃。大约4000年以后，生活在部落里的人发明了火棒，通过摩擦坚硬的树干产生的热量来生火：木棒的末端在一块软木块上来回旋转。中世纪的时候人们用火石、铁和火棉盒生火，所谓的火棉是由晒干的树菇粉末、木粉或布头制成的。

火柴垄断资本家

1917年，瑞典的工业家伊瓦·克鲁格将瑞典的火柴企业联合了起来，第一次世界大战之后，他的公司直接收购了欧洲许多国家的火柴厂，其中也包括德国。克鲁格与各国的政府缔结了垄断协议，该协议让依然独立的企业面临被他的企业帝国在非签署协议的情况下毁掉的危险。自1930年起，德国的火柴垄断权掌握在了国家的手上。

19 世纪的著名火柴品牌

沃克火柴

1827 年，英国化学家约翰·沃克使用了由三硫化锑、氯化钾和橡胶混合而成的火柴头，刮擦面为砂纸。

罗默火柴

1832 年，维也纳化学家 S·罗默的点火材料跟约翰·卡莫尔的一样，火柴头是由氯化钾和有毒的白磷制成。

切里尼皮罗佛利火柴

1833 年，带有含磷火柴头的火柴棒是用浸过蜡的小纸卷做成的，可以在任何刮擦面上划火。

安全火柴

1850 年，约翰·朗德斯托姆的安全火柴的火柴头由硫化锑和氯化钾制成，需要在红磷刮擦面上引燃。

醉人的啤酒

也许啤酒的产生纯粹出于偶然，人们相信一个传说：病人应该吃容易吞咽的东西，所以人们会先把面包泡在水里软化，之后再给病人吃。可是装上面包的罐子被忘到了一边，里面的东西开始发酵，之后有位病人被喂食了这种醉人的粥。那位康复期的病人痊愈之后，就开始模仿酿造这种饮料，配方很快流传开了。

公元 736 年，巴伐利亚的盖森费尔德首次报道了一种特别的啤酒，大约三十年后著名的世界上最古老的"啤酒标志"，记录了多瑙河畔的盖斯林根向圣·加伦的供货。像圣·加伦或巴伐利亚的魏恩施蒂芬之类的修道院，在中世纪的啤酒制造中起到了核心作用：在德国南部地区，啤酒酿造牢牢掌握在僧侣的手中，他们研制了所谓的底部发酵的酿造方法，并由此开发出了一种获利丰厚的财源。

事实上，苏美尔人被认为是第一个酿造啤酒的民族，早在公元前

早期的啤酒制造

酿啤酒的古埃及妇女

3 世纪，啤酒就已经成为了美索不达米亚的大众饮品。啤酒酿造技术能传入中东，传到罗马人和将其视为仙酿的日耳曼人手中，巴比伦人功不可没。

过去很长一段时间里，欧洲啤酒的味道比今天的甜，因为加入了大量的麦芽。18 世纪时啤酒大受欢迎，以至于整个德意志地区都在生产，但是必须遵守严格的地区规定。当时几乎没有哪个君主能料到，到本世纪末，世界范围内的啤酒酿造行业每年能够生产 1200 亿升啤酒，而且仍有上升趋势。

啤酒一定要纯

巴伐利亚的君主威廉四世终于受够了掺假的啤酒，1516 年 4 月 23 日，他颁布规定："在我们的城市和农村市场上所出售的啤酒，在今后的酿造过程中不得添加除大麦、啤酒花和水之外的东西。"这项酿酒规定逐渐被德国其他州所接受，自 1906 年起，它开始适用于整个德国。直到今天，这项关于啤酒纯度的规定仍然构成了德国底部发酵啤酒生产的基础。表面发酵啤酒则允许添加麦芽。在 1516 年的纯度禁令中，酵母未被提及，因为人们对啤酒酿造的本质几乎还一无所知。

传统和纯粹性

这项早先为僧侣和贵族拥有的特权，后来成为手工行业的技术，到 19 世纪则发展成了一个重要的工业部门。直到今天，由麦芽和麦芽汁配制以及发酵组成的三步处理方法几乎从未改变过。在 1516 年纯度禁令颁布以前，啤酒酿造过程中会添加香料、水果和香草，这就很容易理解，为什么当时的啤酒和流传到 20 世纪的啤酒，在口味上相似之处甚少了。如果今天还允许添加类似栎树叶子、常春藤、和兰芹、滇荆芥、薄荷、肉豆蔻、药用樱草和柠檬之类的配料的话，可能世界范围内喜爱啤酒的人就会大大减少。

失去控制

巴伐利亚和啤酒，一直以来两者之间已经形成一种特别紧密的关系。帮助德国啤酒享有世界声誉的啤酒纯度规定就来自德国南部。可是涉及到价格，巴伐利亚就不那么乐观了——而且直到今天也仍不乐观，就像每年十月啤酒节上"群众"对啤酒涨价所抱怨的那样。然而这种不满与 1888 年相比还是有限的，当时慕尼黑市民因为啤酒价格的小幅度提高而失去控制，在著名的巴伐利亚"萨尔瓦多酒馆战役"中，所有的椅子、桌子和窗子都被砸了个稀巴烂。

世界知名啤酒

吉尼斯

1759 年，在爱尔兰亚瑟·吉尼斯酿造了第一杯以它的名字命名的啤酒，今天最有名的吉尼斯品种，是一种被作为"Stout"出售的黑色烈性啤酒。

喜　力

1864 年，阿姆斯特丹的一家自 1592 年就已经存在的酿酒厂被喜力家族接管，这种黄啤酒在海外同样也非常畅销。

福　士

1888 年，在墨尔本的美国移民威廉和拉尔夫·福士酿造了他们的第一杯啤酒，自 1972 年起福士啤酒也开始出口到美国。

百　威

1895 年，第一桶来自百威酿酒厂的啤酒面市。波西米亚地区的酿酒传统可追溯到 1265 年。

革新的纺织技术

大多数的天然纤维，如棉花或毛，只有几厘米长，如果想用它们来缝东西或织布的话，就要先把它们织成长线。早在很久以前中国人就懂得简化棉线生产了：1035 年，中国人发明了纺车。自动纺车到了 18 世纪才出现。

中石器时代的人们用两只手来搓棉线，两千年以后，石器时代的一个聪明人发明了绕线杆和纺锤，使得手工纺织发生了彻底变革。第二次具有重大意义的革新发生在八千年以后：一幅出自 1035 年的画《纺车》可以证明它在中国的存在。

从原理上说，纺车纺织和手工纺织是一样的：从一个纤维束中抽出几根细丝，捻成一根线，缠到一根棍子上。纺车上的棍子和线轴是由一个大轮子驱动的，轮子必须用手摇起来。直到 1530 年，德国的木雕工约翰·尤尔根斯才发明了脚踏蹬轮驱动纺车。

1600 年左右，出现了能够自动把线卷到线圈上的纺车，然而纺织一直还是手工工作。直到 1764 年左右，来自兰开夏郡的纺织工人詹姆斯·哈格劳斯发明了自动纺织机——珍妮纺织机，这种情况才有所改变。1830 年美国人 J·索普发明的环锭精仿机大大提高了生产效率，该类型的现代机器最多可以用 500 个纺锤，能达到每分钟 12000 的转速。1965 年开始使用的气流纺纱机的转速能达到每分钟约 60000 转。

早期的机械化

今天，人们通常把纺织制造业的工业化看作是工业革命的第一大

纺车图

步，而大多数人却忽视了纺织行业的机械化，其实早在真正的工业革命之前就已经开始了。机械化最早开始于意大利的丝织工作，天然丝不是短丝线，而是从茧里面抽出来的无限长的细丝。13 世纪末，意大利北部的丝织工业中，机器工作用水力推动，最多可以带动 240 个纺锤。

艰苦的童年

自纺织生产产生之日起，纺织工业中的童工就已经存在了。中世纪和近代早期，童工的主要工作是坐在织布机上，举着用绳子和杆子固定住的用于形成纺织花纹的轻纱组——而这种工作一般一天不少于 12 个小时，甚至更多。尽管童工一直广受关注，但是直到今天，童工现象在世界上很多贫穷的国家都一直没有从根本上改变。根据联合国的统计，全世界大概有 3000 万童工，大多数存在于亚洲的纺织工业中。随着第三世界的贫穷化，童工的数量还会继续增加。

织布机的小故事

最早的大约来自公元前 5000 年的织布机是一个简单的框子，首先把经纱撑在两根杆上绷紧，然后把木杆固定在地上的桩上，纺织工人

纺车旁的母子（赫尔曼·拜尔作）　　纺车旁老妇

用一根枝条把纱线每隔一根挑起来穿到纬纱中间的空隙里。一直到 18
世纪人们都只能织出窄面的布，因为纬线需要手工用一个梭子穿过梭
口，1733 年英国人约翰·凯发明的飞梭弥补了这一不足。1805 年，约
瑟夫·玛丽·杰卡德发明了一台用穿孔卡片控制的花样织布机，直到
今天这种织布机仍然用于复杂的花纹生产中。

纺织机器的发展

"纺织车架"

1738 年，英国人约翰·怀亚特发明了一种用辊子工作的机械纺织
工具。1805 年，法国人迪柯德·比耶蒙发明了带有纺织滚筒的纺织机。

阿克赖特纺织机

1769 年，英国人理查德·阿克赖特的纺织机器已经开始借助水力
工作，从 1775 年起阿克赖特纺织机开始将原纤维加工成精梳粗纱。

康普顿纺织机

1779 年，英国纺织工人塞缪·康普顿的被称为"骡子"的机器能
够自动控制 48 个纺锤。

全自动纺织机

1825 年，大不列颠的工程师理查德·罗伯特将康普顿的"骡子"发展成了全自动纺织机，促进了纺织业的繁荣。

科学的殿堂

关于博洛尼亚大学成立的时间在历史学家之间一直存在争议，一部分人认为是 1088 年，教皇乌尔邦二世按民法规定在城市里成立了一个"学习中心"；另一部分人认为是 1119 年，国王亨利五世拜访法律学者依勒内。然而可以确定的是，博洛尼亚是欧洲最古老的大学。

博洛尼亚大学被誉为欧洲大学之母

科学在中世纪早期没落之后，它的再次崛起是一个缓慢的过程，然而之后不仅诞生了博洛尼亚大学，而且还出现了为一直延续到今天的大学传统奠定基础的巴黎大学和牛津大学。直到 15 世纪，教会对大学的影响一直非常大，它利用其权力对大学进行控制："异教文献"和违反"真正的教义"的行为受到压制。1348 年，国王查理四世在欧洲中部城市布拉格建立了第一所大学，到 1500 年，欧洲

中世纪大学辩论课

中世纪的大学

共成立了大约 75 所大学，其中法国、德国和意大利各 20 所，据估计约有 15000 人去那儿求学，也就是说，每个高校的学生人数不足 200 人。接下来的时间里，教会在宗教改革和启蒙运动的影响下失去了原有的影响力，取而代之的是君主的权利，大学变成了国家教育机构，教授成为了国家公务人员。

17 和 18 世纪，启蒙运动中的经验主义科学开始普及，各种原理不再由理论推导而来，而是需要用数学自然科学方法得出。这一时期不仅建立了天文台，而且也成立了医疗诊所和解剖学研究所。19 世纪，现代大学诞生了。

大学生走上街头

在社会斗争和社会变革中，大学生始终是站在风口浪尖上的。"统一和自由"，也即结束诸侯割据，建立一个统一民主的德国，是 19 世纪上半叶许多德国大学生的理想。1817 年，在艾森纳赫的瓦特堡举行的由 500 所高校参加的庆典推进了自由运动的展开，然而却遭到了诸侯的压制，学生社团被禁。足足 150 年以后，伴随着 1968 年的学生运动，一股世界范围内的反对社会腐朽和越南战争的学生运动才又掀起了高潮。

纯属男人的事儿

1815 年，耶拿的同乡会结成了第一个学生社团，新的带有荣誉观、论战和狂欢酒宴精神的团体思想很快传播开来，犯错后会被罚关禁闭。与他们的英国和法国同学不同，19 世纪的德国大学生已经不再住在学生宿舍里，而是住在私人寄宿处。当时，上学对女人来说几乎是不可能的，直到 1900 年左右她们才拥有了这项权利。

塞满的大教室

过去 50 年里，许多工业国家大学和专科高校里面的学生数量增长了好几倍，然而大学的容量却没有相应扩大，因此很多地方的大学在特定的专业上通过招生限额的方式来限制学生数量，学生成为了巨大的大众工厂里的一个数字。从 80 年代起德国产生了私立高等学校：它们的宗旨是精英教育而非大众教育，它们提供对外交流和与实践相结合的学习，但是需要收取高昂的学费。学费一直以来也是公立大学的一个讨论话题，反对者指出，学费会剥夺贫困阶层受教育的权利，支持者则以国家的负担来反驳。

几所重要大学的建立

牛津大学

1167 年，英吉利岛上最古老的大学牛津大学有四个学科的教学工作：神学、法律、医学和所谓的自由艺术。

剑桥大学

1209 年，一群背离牛津的学生成立了一所教育机构，大不列颠的第二所大学在剑桥诞生。

索邦大学

1257 年，罗伯特·德·索邦为贫困的神学学生建立了一所有奖学金支持的学院，随后升级为巴黎大学。

哈佛大学

1636 年，位于马萨诸塞州剑桥城的北美最古老的大学哈佛大学，是以约翰·哈佛的名字命名的，他的遗产让这所高校得以建立。

有力的捕风器——风车

现代欧洲风车的原型在 1143 年的一份英文手稿里面首次被提到。与之前来自东方的风车不同的是，为了随时能够捕捉到风，这种风车已经安装了一个垂直的风轮和一个可旋转的轴——但只是手工的。西方有据可考的第一款这种新式风磨于 1180 年开始在法国转动。

风车的原理早在公元 107 年希腊机械师海伦·冯·亚历山大就已

荷兰风车

经描述过了，但是他还没有把它用作动力机，直到公元700年左右这项任务才被波斯的风车所承接，大约200年后的北京地区也出现了用风车拉动的磨。这种东方的老式风车是水平转动的，还没有可以旋转的轴。12世纪的欧洲人使用了垂直安装的风翼，从1200年起，风车开始能够自动让风在最佳位置上转动它。15世纪初出现了一种新的设计：荷兰的塔式风车。这种风车不是整体都在风中转动，而是有一个坚实的底座，只有带轴的顶盖和叶轮能够水平转动。比起老式支架风车来，这种风车可以建得比较高，因此它可以耸立到空气流动较强的区域，以此带来更高的工作效率。然而作为人力的一种替代形式，它们也不是一直都受欢迎的，1518年荷兰手工业协会对机械竞争带来的失业提出抗议。

在生产率提高的蒸汽机时代，风车承接了一种新的功能——将水抽到田里。1930年又添加了一项新的任务：首次使用风力发电机发电。

环保的电力供应商

1930年左右马赛路斯·雅各布斯在美国开发了一款风力机组，它由快速转动的风轮和发电机组成，风轮与风磨上的翼轮比起来更像飞机的螺旋桨。

40年代初美国工程师帕尔默·C·普特纳姆开始建造一个巨型风轮机，它可以向供电网输电1250kw，1945年的一场风暴把40多米高的设备损坏之后，这项计划搁浅，直到1973—1974年间的石油危机爆发，人们对风力发电站的兴趣才开始增长，尤其在80—90年代出现了无数的风轮机设备。

悲伤的结局

18世纪末，在引入了蒸汽机作为动力机组之后，越来越多的工厂随之成立，几乎每台单独的蒸汽机都带动一个长长的机轴，机轴经常是贯穿整个厂房运行的，离天花板很近，该机轴又带动了更多的工作机组。不久后也出现了这种类型的工业磨坊，这种磨坊要比风磨的大机组更便宜，效率也提高了好几倍，风磨机组的地位很快被超越。磨坊以其发展结局印证了电力发动机的发明。

一直在正确的位置上

风车的作用原理自 15 世纪以来就没有变过，在一个圆形的塔上有个圆形的轨道，轨道上有一个能够转动的盖子，一个水平的轴穿过盖子从它的一边伸出来，支撑着竖在风里的大翼轮。如果风向发生变化，盖子另一面的一个小的辅助轮就会被风吹到开始转动，通过一个传动装置把盖子再次推到风位上。在盖子内部，风力会被轴转移到一个齿轮传动装置上，传动装置连接着磨坊里的磨床。

风车发展的重要阶段

带有百叶窗的风翼

1772 年，苏格兰人安德鲁·米克尔发明了带百叶窗的风翼，百叶窗可以通过弹簧压力关闭，风暴来临的时候会打开，这样风翼就不会损坏。

活动涡轮

1925 年，法国人 G·达里尤斯开发了一种带垂直轴的风涡轮，它不需要调节就可以同样利用每一个方向的风。

大型风力发电机

1975 年左右，美国制造了一个功率可以达到 2000kw 的风力发电机，它的两翼螺旋桨的直径达 60 米。

风力发电公园

1997 年，迄今为止欧洲最大的风力发电公园在德国威斯特法伦的利希特瑙运行，共有 57 组涡轮机组发电。

眼　镜

　　被视为时尚装饰品的眼镜，中国人早在 2000 年前就已经认识了，然而助视器却直到 13 世纪才出现——据猜测来自意大利，打磨过的用来改善视力的玻璃镜大约在 1249 年左右被英国哲学家罗格尔第一次提到，很快眼镜就成为了因为视力问题在生活中受很大限制的人的福音。

　　培根从何处了解到的眼镜我们不得而知，因为眼镜到 13 世纪末才首次出现。最早的有关眼镜的图片描述有可能是在意大利特雷维索的圣·尼可洛教堂壁画上，一位僧侣正带着眼睛读书，画上记录的时间是 1352 年。今天我们知道，1299 年意大利的亚历山大·冯·斯皮纳将玻璃、水晶和绿玉（Berylle）——眼镜（Brille）的名字由此而来——打磨成凸状，并装上两条固定在一个鼻架上的分开的边框做成眼镜。另外这种早期眼镜的提示也能在同时代的文件中找到，里面记载着"新发明的被称为眼镜的玻璃片，对可怜的视力弱的老年人来说，是一个真正的福音"。

　　这种最早出现的眼镜的质量还与很多偶然性密不可分，没有不带划痕的眼镜，也还没有人能计算透镜度数，此外早期的凸镜只能给远视的人用。

　　1451 年，德国红衣主教尼古拉斯·封·库斯发明了用来平衡近视的凹镜，1780 年美国政治家、自然科学家本杰明·富兰克林发明了所谓的双焦点眼镜，将"远视眼镜"和"近视眼镜"合为一体。本杰明时代的眼镜已经有了今天眼镜的外观，因为 1727 年已经发明了眼镜腿，在那之前，视力辅助器需要用手拿着或者用皮带以及布带固定到耳朵上。

古老的眼镜

　　然而，以前和现在的眼镜几乎没有什么共同的地方：现代的眼镜科技含量越来越高：

高折射率超薄镜片，重量很轻的钛架，汽化渗镀的非反光膜，根据每个人的视力缺陷精确测量过的度数以及电脑打磨的镜片。越来越多的人离不开这种造价昂贵的视力辅助器——在工业国家已经有大约30%的学生从一入学就开始戴眼镜。

引人注目的时尚物品

长久以来，眼镜一直被看作是伴随着视力缺陷而产生的不幸，公众人物尽量避免用眼镜来消除视觉缺陷。20世纪60年，代人们的想法有了转变，自此以后造型奇特的眼镜成了一种时尚装饰品；80年代起，大的时装公司开始将眼镜作为时尚路线纳入自己的预算之内，潮流引领者如埃尔顿·约翰带上了眼镜制造者设计出来的削弱了外在形式的眼镜；到了90年代，以前的老式框架眼镜开始流行，尤其是角边眼镜。然而很快放弃戴眼镜的人的数量开始增多，他们选择用现代激光技术来克服视觉障碍。

不同的焦点

对于视力正常的人来说，其晶状体折射的光线正好汇聚到视网膜上形成一个清晰的像。

近视的人眼球过长，远处物体的光线会在视网膜之前汇聚，形成的图像就会模糊，凹镜会让焦点——也即光线的汇聚点——落到视网膜上；而对于远视的人来说眼球相对过短，晶状体的焦点在视网膜之后形成一个模糊的图像，因此需要借助于凸镜让焦点前移。

蔡司工厂的创立者

1847年德国大学技师卡尔·蔡司在耶拿成立了一个精密机械工厂，该工厂生产用于科学用途的显微镜和透镜。19世纪60年代后期，他和物理学家恩斯特·阿贝一起为他的公司奠定了成为世界性光学仪器康采恩的基础。1882年，由蔡司和玻璃冶炼工奥托·肖特成立的子公司耶拿玻璃厂，主要生产用作眼镜的技术镜片及类似的产品——这些产品很多出口世界各个国家。

眼镜发展中的进步

剪刀眼镜

15 世纪，这种眼镜跟早期的眼镜形状相似，只是需要反过来拿，这种长柄眼镜在 18 世纪的欧洲非常流行。

额环眼镜

16 世纪，这种眼镜带有一个套在额头上的金属环，镜片挂在金属环上，被推到眼睛前面。

夹鼻眼镜

16 世纪，夹鼻眼镜的镜片和一个夹到鼻子上的弹簧夹连接在一起，缺点是鼻子被夹到的部位会受到压迫。

线眼镜

16 世纪，这种眼镜用一根线固定到头上，避免了夹鼻眼镜给鼻子部位带来的压力，线眼镜源于西班牙。

书刊印刷的进步

作为主要从事图书复制工作的出版社抄写员，美因茨人约翰内斯·根斯弗莱希，又称作古腾堡，碰到了块书，这种书是用印章的方法一页一页用木刻字生产出来的，他从这种书中得到了合理利用活字工作的灵感：1447 年他的第一部作品问世，这是出版和印刷业的诞生日。

十年前古腾堡根据想象让美因茨的施工康拉德·萨斯巴赫制造了一台打印机，这台打印机远远看去像一台葡萄酒榨汁机，他甚至还发明了用来浇筑铅字的模子，这项发明非常成功，以至于到了 1445 年，他已经可以使用由不同铅字的手工浇筑工具每小时印 100 个字母以上。他将这些铅字排成排，装上铅背衬，然后把它们放到一个印刷框里面。在他的第一部印刷品——一本日历——问世之后，紧接着他又于 1451

15世纪的印刷机

古老的印刷机

年印刷了一本教学语法，四年以后又完成了第一部大型印刷品，总共1282页的古腾堡圣经。1468年，在古腾堡去世之前，他的学生康拉德·斯温海姆和阿诺德·潘纳茨就已经将印刷艺术传到了意大利，之后不到20年的功夫，一种新的手工业因为这项伟大的发明在整个欧洲传播开来，它对文化和社会的根本变化作出了贡献，从此图书不再仅仅为小部分人所持有，很大一部分人都能够读到，只要他们能够阅读。

报纸和杂志也很快得到普及，跟书本一样，这也要归功于 1477 年发明的连图画也能印刷的凹版印刷方法。古腾堡的印刷艺术一直沿用到 1620 年，之后印刷流程才有了很大的改善。从 1884 年起，随着自动整行活字铸排机莱诺铸排机的出现，排字的速度也得到了很大的提高。20 世纪末电脑照相排字、高效率胶印印刷和报纸轮转印刷开始统领印刷行业。

从铅字排版到照相排版

古腾堡的铅字排版作为唯一的排字方法存在了长达四个世纪之久。1884 年德裔美国人奥特玛·迈根塔勒发明了自动整行排字机——莱诺排字机，在一台打字机上用铅浇筑的金属字行互相排列在一起。莱诺排字机首先应用于报纸印刷中，1939 年美国人 C·霍伯纳发明的照相排字方法带来了印刷行业的又一次革新。从 1965 年起，随着基尔发明家鲁道夫·赫尔的电子照相排字系统的发明，印刷业开始用电脑控制

古腾堡印刷机印出的圣经

德国美因茨古腾堡博物馆收藏的15世纪的活字印刷机

激光照相排字机。

令人悲伤的命运

1436 年左右，约翰内斯·根斯弗莱希——根据家庭在美因茨的地址被人称为古腾堡——开始在史特拉斯堡从事图书印刷工作，从 1448 年起，他又重新回到美因茨工作。随着圣经印刷的结束，他陷入了巨大的经济困境中，因为他的合伙人约翰内斯·福斯特要求他归还贷款，印刷厂的大部分划归到了福斯特的名下。虽然古腾堡自己又成立了一个新的印刷厂，可是自此以后却跟许多著名的发明家一样：在贫困中生活，在孤独中死去。

约翰内斯·古腾堡

在批量印刷的路上

1810 年德国人弗里德里希·G·科内西将手工印刷改为蒸汽驱动，首先加快了《泰晤士报》的印刷速度，增加了印刷版数。1848 年，泰晤士报再次引入了一项技术创新：三年前发明的每小时能印 8000 张的轮转印刷。今天的机器效率翻了几番：可每秒插入 20m 的空白页。

几种重要印刷方法

凹版印刷

1477 年，第一本凹版印刷的书是地图册《宇宙地理志》，这种印刷方法中平板上需要印刷的部分是凹下去的。

四色版印刷

1710 年，法兰克福人雅各布·克里斯托弗·雷伯龙开发出了四色版印刷，由三种基本色红、黄、蓝色和黑色一起能够调出所有的颜色。

平板印刷

1798 年，随着奥地利人亚罗斯·塞纳菲尔德石板印刷术的发明出现了平板印刷：印刷颜色只能粘在涂了油粉的石印版上。

胶版印刷

1904 年，美国人 W·鲁贝尔发明了胶版印刷，一种灵活的平板印刷方法，用一块橡皮布作为印版和纸的中间媒介物。

科学的进步

科学的一个基本原则就是：人类的认识是一直向前发展的，新的研究成果一再出现，老的观点和认识得到深化和补充，或者被修正。早在古希腊人们就已经认识科学工作了，后来一直到 17 世纪之前，让认识产生巨大飞跃的是阿拉伯人。从 17 世纪开始，欧洲人对科学研究的热情进一步增强。在计算机化的进程中，科学研究看起来会进入全新的——今天还没有办法展望到的——领域。也就是说类似"科学诞生的时刻"这样的问题从来都不存在，科学研究虽已经历了千年的发展，却永无终结。

关于"科学究竟是什么"的答案，人们经常会在研究兴趣的客体中寻找，出现了如"数学"或"生物科学"、"历史"或"宗教科学"。这样的划分虽然有用，但是并不能让想理解科学这一概念本质的人明朗，问题的关键不在于研究对象，而在于工作方法。科学重视合理的、可操作的相互联系、过程、原因和规律方面的知识，它的工具是数据和事实的收集和记录、有计划的观察（列举、测量、比较、描述）、实验、分析、表达、说明，描述出稍后能置于科学理论大厦之上的普遍规则。

科学的起源

人类的科学思想早在古美索不达米亚、古埃及和石器时代就已经存在了，那时人们就已经开始收集数据和事实。石器时代的人已经能够预先推测月食出现的大概时间，埃及人掌握了大量的计算规则并拥有丰富的医学知识。科学在古希腊的哲学学派中得到发展，真正引领科学发展的大都是杰出的思想家。公元前 500 年左右，米利都的泰勒斯和赫拉克利特第一次将科学的发展建立在理性的基础之上，将神学的解释排除在外，以此开创了自然科学之先河；毕达哥拉斯奠定了数学发展和数学在自然研究中的中心地位；色诺芬、巴门尼德斯和其他爱利亚学派的代表人物更倾向于从语言逻辑出发，目的是更直接地认识世界的本质。阿那克萨戈拉、恩培多克勒以及留基伯和德谟克利特的学生们，想要认识精神所能领悟的事物背后的原则，用阿那克萨戈拉的话来说："可见的东西是认识不可见的东西的基础。"

东方的黄金时代

在欧洲，完全从实用主义出发的罗马人根本不喜欢住在科学的象牙塔中，他们虽然爱好技术，但是却并不热衷于科学，在接下来的基督教中世纪，科学并未带给他们多大好处。在东方却是另外一种情形：公元 7 世纪，先知穆罕默德在古兰经中以上帝的名义要求人们"要竭尽所能地把所有已知的知识收集到一起"。伊拉克、叙利亚和埃及成为自然科学和人文科学的中心，阿拉伯人推动了数学和医学的发展，首次绘制出了精确的天象图，发明了炼金术，它就是化学的原始形式。

公元 8 到 14 世纪，穆斯林在科学上所取得的划时代成就同时也被传入了已被伊斯兰教化的西班牙，许多医学、天文学、数学和哲学的新知识最先诞生在这儿——特别是在科尔多瓦大学。

基督教反对伊斯兰教

今天我们有充分的理由认为，文艺复兴时代是欧洲最大的历史谎言。接受伊斯兰科学固然给欧洲带来了前所未有的思想繁荣，但是与此同时科学也令基督教的自我备受折磨。因此，教会，尤其是罗马教廷以及信奉基督教的君主，开始有目的地挑唆反对一切伊斯兰教的东西。

事情到后来竟发展到如此地步，在伊斯兰教的科尔多瓦大学上过学，并能够掌握作为科学语言的阿拉伯语的欧洲学者被以死相威胁，他们被迫否认自己的知识基础，不得不将教科书译成拉丁语后便销毁其阿拉伯语原著。如果想逃脱强大的教会势力的迫害，他们就必须宣称古希腊和罗马是自己的文化和思想根源，虽然这与事实根本不相符。这种强制"回忆欧洲思想根源"的行为被教士们称为"文艺复兴"，意即"重生"。

今天我们可以明确地证明，那个时代的科学家没有一个是以古希腊的著作为出发点的，他们倚靠的是阿拉伯人以古希腊科学为基础而独创出来的东西。事实上，一直到 16 世纪，欧洲中世纪科学的发展从本质上来讲根本就没有超过阿拉伯科学已达到的水平。对此，历史学家 W·蒙哥马利·瓦特说："欧洲人自己能够在科学领域有所进步之前，必须先从阿拉伯人那里学习一切所能学习的东西。"

自 17 世纪起，欧洲的科学才开始独立发展起来，在这一时期，首先是"古典自然科学"得以发展，并部分得到完善。

科学进入新维度

20 世纪初，科学的新时代降临了：首先是阿尔伯特·爱因斯坦和马克斯·普朗克的相对论和量子物理学给自然科学带来了一场新的革命，它为现代自然科学奠定了基础。20 世纪下半叶，电脑的使用大大提高了科学研究的速度，以至于今天我们的知识大约每三年半就会成倍地增长。随着 21 世纪的到来，人类似乎正面临一个更为巨大的自然科学世界图景的转变，量子物理学家郑重地要求人们抛弃那种纯粹因果逻辑思维——尽管它是迄今为止所有科学中唯一可靠的依据。未来科学发展的宽广领域，是因果逻辑思维所无法理解和无法想象的。

蓝色烟雾中的世界

烟草源自美国。或许早在几千年前，印第安人就已经将原始的野生烟草晒干并吸食了。烟草的名字最早也出自美洲的原始居民，如今，从"Tabak"到"tobaco"或"tobago"，这个名字已出现在世界上约60种语言和方言中。今天这种"名贵的草"在国际贸易中扮演着重要角色。

哥伦布有可能是第一个观察到瓜那哈尼的土著是如何用玉米叶子卷成的圆柱形烟卷来吸食烟叶的欧洲人，这件事发生在1493年。哥伦布第二次去海地的时候留下的僧侣弗拉·罗曼诺·潘，于1497年首次将有关烟草的信息带回欧洲，他把它称为"Herba inebrians"（醉人的草）。1507年，德国地理学家马丁·瓦德西穆勒在他的《宇宙志引论》中对烟草作了书面描述。在印第安人眼里，这是一种神圣的植物，

《吸烟的年轻人》（米歇尔高斌作于17世纪）

他们主要把它当做药物来使用。1565 年，法国驻葡萄牙的公使让·尼古特（Jean Nocot）对此也做过描述，今天的烟草的名称"Nicotiana"就是由他而来的。

30 年战争时期，航海者和士兵将吸食烟草的习俗传到了欧洲各地，从而产生了一个利润丰厚的市场，国家也从中发现了一个重要的收入来源。1681 年，法国就已经形成了国家对烟草生产的垄断，并通过法律来保障，一切烟草走私活动甚至会面临死刑的惩罚。

数百年间，欧洲殖民者在地球上的热带地区开辟了大型的烟草种植园，由此也形成了不同口味的烟草，从浅色、温和的维吉尼亚烟草到浅色的在日光下晒干的东方烟草，再到印度尼西亚、印度、菲律宾、古巴和巴西的深色、风干的烤烟。

时至今日，虽然到处是吸烟有害健康的警告，但是烟草在世界各地的胜利进军从未中断过，即使国家干预也收效甚微，例如在美国，烟草行业要为其所生产的产品带来的健康损害承担几十亿美元的高额损失。

从"Papelitos"到香烟

虽然香烟是"白人"的发明，但却是以印第安人的玉米叶烟卷作为参照的。欧洲的殖民者在 17 世纪的时候就已经在南美和中美地区用纸代替玉米叶制成了"Papelitos"，稍后"Papelitos"被引入了西班牙和土耳其，并在那儿传播开来，于 19 世纪进一步发展成了典型的东方香烟。1812 年左右，香烟被一个汉堡商人从古巴进口到德国，在当地销售时被称作"Cigarrito"。香烟与烟斗的竞争直到 1900 年左右才开始。

宗教起源

在大多数的古代文化中，烟雾被视为人和神之间的一种联系，而抽烟总是和宗教仪式联系在一起。大麻、款冬、薰衣草、天仙子、牛至、百里香或马鞭草等植物的烟会被直接吸入。公元前 5 世纪时，希腊名

开花的烟草

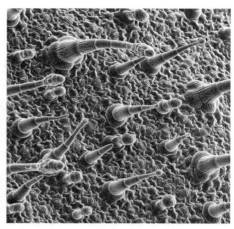

电子显微镜下的烟草叶子的表面

医希波克拉底就曾作为治疗药物让病人吸入这种气体。罗马人早就已经开始使用长烟斗管，这种烟斗管大多整个都是直的，经常是用简单的芦苇杆做成，但是也有用别的东西如空心的骨头做的。有趣的是，中世纪没有留下任何使用烟斗的踪迹，直到 16 世纪，烟斗从美国进口到欧洲之后才又被人们重新认识。

精美的品种：雪茄

雪茄是在美洲中部定居的欧洲人吸食烟丝的最古老的方式，直到 18 世纪末，它才与烟斗形成了巨大的竞争。与印第安人不同，雪茄直接由烟叶卷成，有时会添加鼠尾草或曼陀罗叶子。欧洲人研制出了一整套的雪茄制作方法，人们在几百年的时间里开发出了各式各样的雪茄品种。

世界上著名的烟草公司

阿尔斯博

20 世纪，丹麦阿尔斯博烟草公司用美洲和非洲的浅色（维吉尼亚）和黑色（卡文迪西）烟草生产顶级烤烟。

阿姆霍拉

20 世纪，荷兰阿姆霍拉烟草公司以传统的混合烟草闻名，如"西泽尔·博吉亚"或者淡香型"黑香烟"。

大卫朵夫

20 世纪，瑞士的香烟制造商大卫朵夫专长生产主要来自北美的淡香型到中度浓烈型香烟，此外也生产黑香烟。

登喜路

20 世纪，英国登喜路烟草公司以浓香型和浓烈香型香烟以及烟斗混合烟丝闻名，如"登喜路公鸡"。

第四部分　近代时期

（16 世纪至 18 世纪）

跃进一个新时代

有时一项划时代的技术突破并不是一项伟大发明的产物，而是已经存在的观念及其转化的不间断发展的结果。1510 年，纽伦堡的装配工彼得·亨莱因制作出他的第一款盒表，并以此成为今天怀表的先驱，这也是同样的道理。

机械表早在 13 世纪后期就已经出现了，它们都非常大，限定在固定的位置上，因为摆锤的驱动需要很大的空间且不容许移动位置。因此，这种表只能安装在类似教堂或市政厅等建筑物上。直到 1410 年左右，佛伦罗萨的建筑师菲利波·布鲁内莱斯基用螺旋状的弹簧制造钟表和闹钟，才让这种情况得以改变，这种弹簧代替了之前机械表所使用的驱动摆锤。1430 年左右，在德国和法国出现了第一款可以携带的表，皮特·亨莱因完善了最后一步：他把表做得很小，装在一个盒子状的外壳里，使每个人都能很方便地携带着——前提是他得买得起。这种表的价

大本钟钟面

格非常昂贵，因为制作它们需要长时间全神贯注的工作。

亨莱因时代之后，钟表的发展出现了两个趋势：改善技术、降低成本。1670 年起，新的钟摆发明了——开始使用经过齿轮组将能量传到弹簧系统上的控制传动装置；1920 年左右，出现了缩小的手表；9 年以后，石英表也问世了；1971 年，出现了数字液晶显示屏，所有这些使可携带的表变得越来越小，而且也越来越精确。企业的批量生产和市场的全球化也让表变得越来越便宜。在我们的生活被时间支配的当今社会，手表或怀表已成为了我们日常生活的重要什物。为了有效地规划有限的时间，它几乎是不可或缺的，因为时间就是金钱。

大本钟钟楼

转动不停的内部结构

每一只表里面都有四个主要部分在起作用：1. 钟摆，其摆动时间的长短决定着时速；2. 能量源，用来保持钟摆的运动；3. 能量源和钟摆之间的小部件，将能量输送给钟摆；4. 表盘或计时器。一般来说，手表的能量源就是一个弹簧，通过用手上发条或一个小的电子发动机使其绷紧。

手腕上地位的象征

直到 20 世纪中期，手表和怀表还依然是一种社会地位的象征，并不是每一个人都能买得起一块可携带的表。六七十年代的便宜表既不会代表社会地位，走得又不准，比较讲究的人戴的都是昂贵的品牌表，或者退而求其次使用高科技时装表，然而今天手腕上的高科技却不再自动意味着高价格。因此有时尚意识的手表佩戴者又开始怀起旧来，具有历史性的怀表的奢华手工复制品和古老的带有传统机械装置的手表的手工复制品，用类似的表盘代替普遍存在的数字电子显示。此外品牌也起了重大作用。

电脑制造

直到 1970 年，手工精密制造出的钟表在质量方面都要胜过机器批量生产出的钟表。然而今天电脑控制的精密仪器要远远胜过任何一个专业的钟表制造师，如果你能想像一下，钟表制造业中所使用的最小的螺丝直径小于 0.05mm，关于这一点就很容易理解了。制造一款现代的手腕计时器，一般会需要上千个高精密的工作步骤。

重要的钟表匠一览

托马斯·汤姆皮恩

1637—1713 年，英国钟表制造协会之父，以制造坐地钟——其中一部分带有年月指针——以及 6000 多款怀表而闻名。

约翰·阿诺德

1736—1799 年，这个伦敦人是他那个时代精密计时器生产的权威。另外，从 1770 年起，他开始为英国海军配备精密计时仪器。

亚伯拉罕·路易·宝玑

1747—1823 年，这位瑞士人以无数的技术革新被视为历史上最重要的钟表发明者，此外他还制造了秒表、摆钟和怀表。

费尔迪南多·阿道夫·朗格

1815—1875 年，这位德累斯顿人于 1845 年在埃尔茨山脉的玻璃工厂里开设了一个钟表作坊，这个作坊后来发展成了有名的怀表制造厂。

环球旅行

葡萄牙人费尔南多·麦哲伦想比哥伦布航行得更远，而且他也成功了，但是他却没有完成回到其出发点西班牙的旅程，尽管如此他仍然被视为第一个环球航行的人。这次从 1519 年持续到 1921—1922 年的环球航行的"副作用"就是证明了我们的地球是一个球体，而不是一个走到边上就有掉下去的危险的圆盘。

哥伦布首航舰队旗舰圣玛利亚号（仿制品）

　　乘着由西班牙国王卡尔一世和稍后的皇帝卡尔五世配备的五艘破旧的帆船，带着许诺他们巨大利益的协议，麦哲伦踏上了为西班牙占领马鲁古群岛的六座香料岛的旅程。这项计划所面临的风险是无法估算的，同时期望值也很高，这是欧洲发现之旅时代的典型特征。1520 年，麦哲伦首次驶过了位于南美洲大陆和火地岛之间的海峡，这个海峡后来也以他的名字被命名为麦哲伦海峡。虽然遭遇了叛乱、坏血病和饥饿，他的船队在人员减少的情况下依然穿越了太平洋。1521 年时的菲律宾既不欢迎侵略者也不欢迎传教士，麦哲伦在一场战斗中被打死。出发两年多以后，只有船长胡安·塞巴斯蒂安·埃尔卡诺驾驶着仅存的一艘船"维多利亚号"和 237 名船员中幸存下来的 18 名返抵西班牙圣路卡港。一个在古希腊时代就已经认识到的问题被当成新闻传播开来：我们人类生活的大地是一个球体。对于古代地中海的航海者来说，直布罗陀海峡也不是世界的尽头。

航海家麦哲伦

　　"历史学之父"希罗多德记述了公元前 600 年埃及法老尼科派遣出的一支船队的环非洲之行。公元前 515 年，希腊人西拉克斯·封·卡利亚驾驶帆船从印度河出发，穿过阿拉伯海和红海到达苏伊士。公元前 300 年左右，来自马赛的皮西亚驾船沿英国东海岸到达奥克尼群岛，维京人驾驶龙舟穿过北大西洋抵达美洲东海岸，并将其命名为"文兰"（Vinland）。

只身一人驾船横渡七大洋

　　单手帆船的名字来自帆船时代，在一望无际的大海上，一个人只能用"一只手"来升起船帆，另一只手需要用来抓紧帆具，"一只手为你，一只手为船"，俗语中如是说。按照体育竞赛的规则，单人帆船一向是不需要外来辅助的，然而随着现代科技的应用，船上允许安装睡觉时使用的自动控制系统和用于报告位置的无线电。这种奢侈条件是第一位成功的单手帆船手——美国人约书亚·史洛坎——在他 1895 年到 1898 年的三年环球航行中做梦都想不到的。

不会停止的气球

20 世纪末，瑞士人伯兰特·皮卡德和英国人布莱恩·琼斯经过多次失败的尝试之后，终于成功驾驶他们的热气球"飞船 3 号"完成了首次不间断的环球飞行。1999 年 3 月 1 日，在从瑞士起飞 19 天 1 小时 49 分钟之后，他们虽然没有重新回到出发点，但是在埃及降落之前，他们飞过了位于西经 9.27° 的毛里塔尼亚上空。他们的飞行主要是依赖风力驱动的，这与 216 年之前蒙特哥菲尔兄弟的第一次热气球飞行并无不同。

环球飞行

首次成功实现环球飞行的是美国飞行员。1924 年 6 月 4 日，他们的四架飞机开始起飞，经过中途的几次降落，15 天之后，只有两架返回出发点。直到 1959 年，一架经过空中加油的飞机才首次成功实现了不间断地环球飞行。其实早在 1929 年 8 月，德国人雨果·埃克纳就已经驾驶可操控的 "格拉夫—齐柏林号" 飞艇完成了环球飞行。

环球之旅世界记录

汽车环球之旅

1989 年，尼纳·乔杜里和穆罕默德·萨拉赫丁驾驶汽车，从加尔各答出发开始了他们的环球旅行，历时 69 天 19 小时 5 分钟。这是一项迄今为止都没有被打破的世界记录。

直升机环球之旅

1996 年，美国人罗恩·鲍尔和约翰·威廉驾驶型号为 Bell—430

的直升飞机绕地球一周，耗时 17 天 6 小时 14 分。

摩托车环球之旅

1997 年，英国人尼克·桑德斯的摩托车环球之旅也是一项世界记录，他从加莱出发，用了 31 天 20 小时的时间环绕地球一周，行程 32074 公里。

乘坐超轻飞机环球飞行

1998 年，布莱恩·弥尔顿从英国的家乡出发，飞过近东、印度、东南亚和南美最后回到欧洲，历时 120 天。

冰凉的享受

我们难以确定谁是第一个发明食用冰品的人。有人认为，这个人可能是西西里卡塔尼亚的一位糕点师傅，他于 1530 年首次制作出了食用冰品。长时间以来，它一直是贵族和家境殷实的市民家庭所独享的，而今天它已成为普通大众都能享用到的美食。

1533 年，蛋糕师布恩塔伦提斯用他的冰冻果汁将卡塔琳娜·封·梅迪奇的婚礼变成了一种美食体验。在接下来的很长一段时间里，冰冻甜食一直是欧洲的达官显贵们才能享受得起的。直到 1672 年，意大利人弗朗西斯柯·普罗柯皮欧·戴·柯德里在巴黎开的普罗柯皮欧咖啡馆才开始向普通民众供应这种冰品特产，后来这里也成为伏尔泰、狄德罗、卢梭和拿破仑·波拿巴时常光顾的地方。其实"天然"冰品的

哈根达斯冰淇淋

历史则要追溯到很久以前。1292 年，马可·波罗在结束一次亚洲之旅返回欧洲的时候，带回了一份蒙古国皇帝忽必烈作为礼物送给他的冰品配方。他还报道说，早在 3000 年以前，中国人就已经懂得借助雪用牛奶、水和水果制造食用冰品。这种冰品在古代的欧洲也早就

为人们所熟知，希腊的上层社会喜爱加了蜂蜜、水果汁和葡萄酒的"奥林匹斯山的雪"，并称之为"神仙食品"。古罗马人将蜂蜜、肉桂、玫瑰水和紫罗兰与雪混合后再加上杏仁、枣和无花果作为配料点缀制作出美味的冰品。为了制作冰品，尼禄皇帝用木头覆盖的地窖里就储存着许多取自山峰上的积雪。

18世纪时，虽然人们已经知道用硝石作为冷却剂来冷冻冰品，但食用冰品的产量依然很少。1759年的时候，歌德的妈妈还认为"人的胃不可能受得了冰的刺激"，歌德因此不得不偷偷地沉迷于他对覆盆子冰淇淋的爱好。直到19世纪，作家福斯特·封·匹克勒—慕斯考才让食用冰品得以在德国上流社会中流行。

批量生产的开始

美国总统乔治·华盛顿作为第一个批量生产食用冰品的人被载入史册，他在他的佛尔侬山庄园里用一台机器为他的众多客人制作冰冻甜食，这台机器是1790年由一位美国家庭主妇南希·约翰逊发明的。1851年，雅各布·福赛尔在巴尔的摩首次实现了冰淇淋的工业化生产，当时他还需要使用硝石做冷却剂。1876年，卡尔·封·林德的冷却机专利开创了一个新的时代，从那时起，冰淇淋的生产和储存不再受天气的限制，产品也比以前卫生得多了。在发明者林德的故乡德国，冰淇淋的工业化生产直到1925年才开始。

带把手的冰棒

1923年10月9日，美国人亨利·巴斯特在俄亥俄州为他的所谓"奶油冰棒"申请了专利，今天他的这一发明——就是一根加手柄的冰棒——已经成为不可或缺的了。毫无疑问，这种美食的发明应该归功于巴斯特，虽然他的同乡弗兰克·埃珀森很长一段时间里一直声称自己才是它的发明者：在一个结冰的夜晚，这位来自加利福尼亚的汽水销售商把放了汤匙的半杯汽水忘在了窗台上，第二天早晨他发现了一根黏糊糊的甜冰棒。

其实冰棒在当时早就已经为人所熟知了。1903 年，意大利人马尔恰诺在美国获得了冰棒专利。一年以后，叙利亚人哈姆威在圣路易想出了一个伟大的主意：他把冰棒装进了可以封口的袋子中。

适合各种口味

冰品爱好者历来都分为两个阵营：水果味冰品和牛奶味冰品。一直以来，对真正的享受者来说，一种口味的冰品是否比另一种更健康，这个根本不重要，重要的是他们能够享用到口味越来越奇特的冰品，香草、草莓和巧克力味的冰淇淋一统天下的时代已经成为历史，香槟、松露和牛轧糖冰淇淋以及肉桂或苹果冰淇淋已成为新宠。

食用冰品的重要发展阶段

"甜雪"

约公元前 2000 年，中国人就已经开始用雪、牛奶和水果制作出了美味的冰冻甜食，因此中国人在制作冰品方面远远走在了意大利人的前面。

冰的药用

约公元前 300 年，希腊名医希波克拉底推荐病人食用"冰"，因为它能让身体振奋，帮助提高身体舒适度。

获利对象

约 1680 年，250 位巴黎食用冰品糕点师成立了一个同业行会。食用冰品是如此受欢迎，以至于当时的法国政府开始考虑征收冰品税。

在新世界

1794 年，纽约成为美国食用冰品的生产基地，并且美国也因此成为了食用冰品工业化生产的先驱。

避孕套

大约在 1550 年，为了预防性病，意大利医生加布里埃尔·法罗皮欧发明了避孕套。法罗皮欧呼吁人们使用他用亚麻布做的避孕套，其原因是当时梅毒已开始迅速传播。其实，早在几千年以前，男人们就已经出于不同原因开始给他们"最敏感的部位"穿戴上皮革、银或蜗牛壳了，而且材质越贵重越好。

在法国西南部的贡巴莱尔岩洞里，人们发现了人类最早使用阴茎套的历史证据。洞内有一幅作于公元前 12000 年左右的岩画，画中描绘了一个男人和一个女人做爱的场景，男人的阴茎上套着一个包裹物。据猜测，这种在埃及和巴比伦同样为人所熟知的阴茎套主要不是用来避孕或防止性病传播的，更多的应该是起一种保护作用，如在战争中防止受伤，或防虫叮咬，或者是被用作装饰物，或被作为一种社会地位的象征。在日本也有硬质的阴茎套，其中有用龟壳制成的，它可以增加性伙伴的快感。

直到 1550 年，人们才想到使用阴茎套来预防性病。性病被认为是上帝对人的荒淫糜烂生活的一种惩罚，但是，人似乎又可以通过完全尘世的方法避免这种惩罚。意大利医生加布里埃尔·法罗皮欧建议男人性交前在阴茎上套一个亚麻小袋子以预防感染性病。

20 世纪初，阴茎套成为人们最熟悉也最容易获得的避孕工具。到了 20 世纪 60 年代，由于受到避孕药的排挤，并且性病已经比较容易得到治疗，所以阴茎套便逐渐失去了其原有的地位。80 年代起，避孕套作为迄今为止预防艾滋病的唯一可靠工具而获得了新的意义。

早期的避孕套

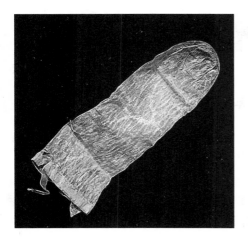

并非"感觉真实"

从 16 世纪起，人们开始使用骗羊肠、猪肠和山羊肠来预防性病。19 世纪，人们开始使用橡胶制作阴茎套：1855 年，工厂主查尔斯·N·古德伊尔在美国制造出第一个硫化橡胶避孕套。这种避孕套从质量上讲还远远谈不上"感觉真实",它的套壁较厚,并且还有一条纵向接缝,因为它的材质比较结实耐用,可以清洗后多次使用,所以后来人们对它不断加以改进。大概在1900年,首批无接缝阴茎套开始投放市场,1901年第一款带有储精囊的避孕套面世。

用动物肠制作的
避孕套 (1813)

可选性很大

海因里希·海涅的阴茎套是用蓝色的丝绸做的,国王路易十四则钟爱用天鹅绒和丝绸制作的阴茎套,而其他大多数男人则不得不使用羊肠或胶乳套行交。1949年,第一款有色避孕套开始在日本批量生产,从而为以往避孕套的单调性画上了句号。从1960年起,出现了带润滑剂的避孕套,9年以后,市场上又有了第一款符合人体构造形状的避孕套。从1981年开始,能够满足人们各种不同口味的避孕套也应运而生。如今避孕套的类型可谓应有尽有,其中既有会发出声音的,也有能发光的,还有带凸点的。

时代变迁中的男用避孕工具

软　膏

6世纪,希腊医生艾修斯·封·阿米达推荐把明矾、石榴或没食子做成的软膏涂在阴茎上避孕。

芝麻油

12世纪,波斯医生伊斯梅尔·阿尔朱尔亚尼推荐把芝麻油涂在龟头上,以阻止精子进入阴道。

阴茎套

1550年,意大利医生加布里埃尔·法罗皮欧用亚麻布发明了一种阴茎套，其目的仅仅是为了预防梅毒。

男用避孕药

1990 年，世界上的许多实验室致力于研发男用荷尔蒙避孕药，专家预计，这种避孕药最早到 2005 年才可能被投放市场。

咖啡馆

作为文人和艺术家的聚会地以及无数情人幽会的地点，咖啡馆直到今天一直散发着某种魅力。咖啡馆产生于几百年以前，据推测是在 1554 年的伊斯坦布尔：传说叙利亚人舍穆斯和哈基姆在那儿开了最早的两家咖啡馆，由此开始，咖啡馆踏上了它的征服世界之旅。

在土耳其儒斯特姆—帕夏清真寺的附近，距离加拉塔桥不远的地方，有一家新开的酒馆，为了品尝它的咖啡，不多一会儿人们就排起了长队。早在奥斯曼帝国时期，咖啡馆就很受欢迎，尽管当时里面主要供应酸奶和轻度发酵啤酒。

然而，博斯普鲁斯海峡岸边的咖啡馆很快就成为了历史，因为当局把咖啡划归危险的毒品而予以禁止，类似的情况后来在欧洲许多国家也发生过。但是，虔诚的穆斯林教徒并没有放弃这种在他们看来可以提神醒脑的东西。斋戒时，他们会用它来提神。不过这项禁令并非没有产生影响，足足过了一百年之后，咖啡才得以成功传入欧洲中心。1650 年，威尼斯人在圣马可广场上开了一家"波特加咖啡馆"；1671 年，马赛也出现了咖啡馆；一年以后，巴黎的咖啡馆也诞生了。

18 世纪初，正如"枢密顾问"歌德后来描写的那样，"咖啡的海洋"已经淹没

1875年的耶路撒冷咖啡馆

了整个欧洲。过去的老式咖啡馆如今已发展出许多变种，从小咖啡馆到自助西餐厅，再到冷饮店，但没有一个能与它们祖先的魅力相匹敌。20 世纪末，咖啡馆在英国又成为一种时尚，年轻一代人在里面重新发现了这种古老的饮料。

维也纳中央咖啡馆

维也纳——咖啡馆之城

维也纳的咖啡馆举世闻名，当地人一直看重的地方就是咖啡馆，正所谓："凡事都得在咖啡馆里办。"关于这一点，作为一名远道而来的柏林人，阿道夫·格拉斯布伦纳在 1850 年就亲身经历过。当维也纳人提及"在哪儿？"这个问题时，那么回答一般都是"在咖啡馆里"。"我在哪儿跟你谈？"——"在咖啡馆！""我与车夫在哪儿接你？"——"在咖啡馆！"据传说，当土耳其人于 1683 年撤退后，弗朗茨·格奥尔格·科尔舍斯基就用缴获的咖啡开了维也纳第一家咖啡馆。没有咖啡馆就没有维也纳的文人圈子，诗人彼得·阿尔登堡甚至让人将邮件直接邮递到中心咖啡馆去。

文化生活的中心

没有一个机构像咖啡馆这样与欧洲的精神文化生活有如此紧密的联系。柏林的罗马式咖啡馆从 1905 年到 1930 年就一直是文人聚会的场所；慕尼黑的史黛芬妮咖啡馆是士瓦本文人聚会的中心；巴黎的双偶咖啡馆、花神咖啡馆和丽普咖啡馆都曾经是欧内斯特·海明威创作过许多短篇小说的地方；罗马最有名的文人聚会地点肯定是历史悠久的希腊咖啡馆。

17 世纪时出现在伦敦的咖啡馆被称为"便士大学"，这是因为人们花一杯咖啡的钱就可以在咖啡馆里与作家、艺术家进行讨论，或与其交流一些哲学思想。

欧洲发现了"小黑豆"

早在 1582 年，奥格斯堡的医生莱昂哈德·劳沃夫就已经记述过这种"像墨一样黑"的饮品。1624 年，威尼斯商人进口了大量的咖啡，不久之后，这种可与浓咖啡相媲美的饮料就在当地成了抢手货。1669 年，惯于享乐的法国宫廷让土耳其苏丹的使节向他们讲解了咖啡的做法。普鲁士国王腓特烈二世为牟利而使咖啡成为了国家垄断商品。虽然这种"褐色豆"越来越流行，但是直到 19 世纪它才成为普通民众买得起的商品。

欧洲著名咖啡馆的开张

莱比锡咖啡树

1694 年，莱比锡最有名的咖啡馆叫做"阿拉伯咖啡树"，它的大门上方刻有喝咖啡的苏丹王的浮雕，据说是"铁腕王"奥古斯特二世捐赠的。

维也纳戴梅尔咖啡馆

1785 年左右，这个地方曾是一家甜点屋。如今的戴梅尔咖啡馆以其富有想象力的橱窗陈列和特殊氛围吸引着大批顾客。

柏林克朗茨勒咖啡馆

1825 年，坐落于柏林菩提树下大街的克朗茨勒咖啡馆被称作"贵族的领地"，后来它又被迁至库达姆大街。1999 年，这家咖啡馆关门停业。

维也纳沙赫酒店咖啡馆

1832 年，沙赫咖啡馆用面、果酱和巧克力涂制作成的"沙赫蛋糕"足以使它青史留名，当然它的咖啡也是维也纳最好的。

抽水马桶

今天的社会学家一致认为，两个社会现象促进了抽水马桶的发展：一个是高人口密度下粪便处理的必要性；另一个是人类羞耻感的发展。

1589 年，英国出现了第一款抽水马桶。

　　羞耻感的形成或许源于等级社会的产生，上流社会的人士很注重将自己与"平民"区分开来，因此他们也就不喜欢在公共场合方便。在早期发达文明中的贵族家庭中，厕所就已经存在，其中包括公元前 2500 年左右的美索不达米亚，以及后来的古希腊和古罗马。欧洲人在整个中世纪都是在公共场合大小便的。文艺复兴时期的宫廷贵族会扭扭捏捏地退到内院去行方便，这种行为受

19世纪的豪华抽水马桶

到很多市民的模仿，很快他们也开始在隐蔽的地方解决燃眉之急。随着时代的发展，院子里便首次出现了一些"小房子"，人们也只不过是在地上挖出来一个坑，四周用东西挡住外人的视线而已。1589 年，英国宫廷侍从约翰·哈林顿组装了第一台马桶，并把它安装在自己家里，不过他每天只用一次该冲水装置。直至 18 世纪末，哈林顿的抽水马桶都是欧洲唯一的一个。之后，英国人亚历山大·卡明斯和约瑟·布莱曼分别于 1775 年和 1778 年设计出了自己的马桶。直到 1870 年，欧洲人广泛使用的都是通过储水桶来冲水的厕所。

　　1870 年，英国陶匠威廉·特福德发明了里面可以存住水的虹吸管用来密封气味。19 世纪末，抽水马桶慢慢才开始在私人住宅里使用，但不是安装在屋里，而是装在楼梯间的位置。到了 20 世纪，人们的卫生意识增强了，与之相应地，人们也开始关注排泄物的处理。这期间，高科技也没有在厕所门前止步，设计者设计出了符合人体工学的座便器，并且还设计出具有热水冲洗、吹风和排风功能的座便器。日本已经出现了能够自动获取大小便的血和血糖值并能立即将结果储存或打印出来的座便器。

横木和茅坑

中世纪的厕所只是地上挖出的一个坑，有时上面会放一根横木当

坐具，不过四周并没有遮挡别人视线的东西。直到 18 世纪，人们才开始在木板房里挖出一个深深的粪坑，上面再放上木制坐具。

人们把粪便攒在粪坑里以作肥料。19 世纪，随着工业化的发展，人们的卫生意识也逐渐增强，于是室内安装抽水马桶设施已成为一种强制性的规定了。

厕所的样式

浅式马桶

19 世纪，早期的安装在私人家庭里的马桶是一种浅式马桶，粪便先落入一个装水的浅水槽里，然后再被冲走。

深式马桶

19 世纪末，在欧洲的许多国家，深式马桶逐渐取代了之前使用的浅式马桶。在气候较热的国家，浅式马桶在法律上是被禁止使用的。

火厕所

1894，德国工程师洛恩霍尔特发明了一种带有喷火炉膛的火厕所，粪便的液体成分能够在一个蒸馏瓶里被蒸发掉。

化学厕所

20 世纪中叶，活动厕所第一次面市，里面的化学药剂能将排泄物液化，同时消除排泄物的气味。

显微镜

1538 年，意大利医生吉罗拉摩·法兰卡斯特罗建议，如果单块透镜的放大力度不够的话，可以两块玻璃透镜一前一后合起来用。52 年以后，荷兰的玻璃打磨工汉斯·詹森和他的儿子扎卡赖亚斯将这种想法付诸实践，他们把两块聚光透镜隔开一段距离安装到一个小纸筒里，从而造出了第一个显微镜。

罗马作家塞涅卡（前 4—65）发现，用一个装满水的玻璃球能够把物体放大。16 世纪末以前，人们只用聚光透镜来放大物体，然而它的放大能力的局限性日益明显。一直到 1590 年，汉斯和扎卡赖亚斯·詹森制造的显微镜才让放大程度有了明显的提高，尽管如此，它还远远算不上是一件杰作，因为它有彩虹状的色差，而且并非整个成象面都很清楚。出现这些问题的原因是：这两位先驱还不认识光学定律，不能测算出他们的显微镜的度数，此外也没有无条纹的玻璃可供使用。1747 年，瑞士数学家莱昂哈德·欧拉第一次成功计算出了这种双透镜的准确度数，并减小了色差和光学变形——球面像差。1830 年，英国医生约瑟夫·丁·李斯特开始以这种计算为基础制造改良了的显微镜。

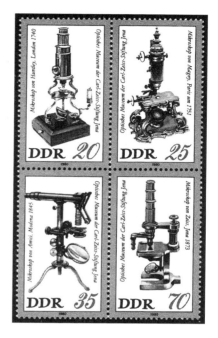

原东德1980年邮票上的各式显微镜

　　1880 年左右，德国物理学家恩斯特·阿贝开始了光学系统的科学计算，他与玻璃制造者奥特·肖特和玻璃磨工卡尔·蔡司一起开发了双透镜或多透镜的高效显微镜，如可以放大 2000 倍的油浸显微镜，这种显微镜的物镜和观察客体之间没有空气，而是透明的油。

细菌的发现者

罗伯特·胡克制作的显微镜

　　荷兰人安东尼·凡·列文虎克被看作是最重要的早期显微术研究者，他用的不是两片较大的透镜，而是一片由他自己精密打磨的能放大 200 倍的小透镜。他的微生物学生涯从 1676 年观察一个水滴开始，借此他第一个发现了微生物。1683 年，他发现了细菌。此外他还研究小型动物的发展状况，他证明了甲壳虫和跳蚤是从卵中孵化出来的，还描述了蜗牛和贝类的胚胎。

现代光学显微镜

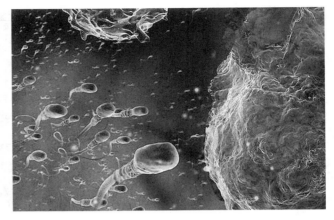

现代显微镜下的生命

将物体放大数百万倍

随着科学的进步，人们对更加精确的显微镜的呼声越来越高，1904年，蔡司工厂制造了第一款超显微镜，可以看到1/1000mm的物体，如分子。一个重要的革新是物体的特殊侧面光线，1931年，德国工程师恩斯特·鲁斯卡和麦柯斯·科诺不再使用光而是用短波电子束，它能够更准确地"触摸"到微小的物体并描摹下来。现在的电子显微镜能将物体放大几百万倍，此外还有所谓的光栅电子显微镜和德国物理学家欧文·威尔汉·马勒发明的甚至能看清原子的场离子显微镜。

人类的福音

在研究和技术领域，几乎没有任何一项仪器能比得上显微镜对医学和生物学的影响。早在1655年，英国科学家罗伯特·胡克就已经描述过植物细胞的结构了。六年以后，意大利医生马尔切罗·马尔比基研究动物和植物解剖学，并揭示了血液循环中的重要关联和脑、肝、脾、肾、骨骼、皮肤的微观结构。许多疾病的病原体如肺结核、炭疽病、霍乱等则是科学家们后来发现的。今天，声控外科手术显微镜甚至替代了医生的很大一部分工作。

显微镜发展的重要阶段

油浸显微镜

1827 年，意大利人乔瓦尼·巴蒂斯塔·阿米西在物体和物镜之间滴了一滴水，以此增强了放大能力。

一流的透镜

1886 年，德国化学家奥特·肖特研制了一种新型的光学玻璃，用以制造用于精密显微镜的光学技术一流的透镜。

立体显微镜

1913 年，德国机械和光学仪器制造者恩斯特·徕兹发明了立体显微镜，让透过显微镜进行空间观察第一次成为可能。

干涉显微镜

1959 年，德国物理学家 W·林尼克发明了所谓的干涉显微镜，用它可以更加仔细地分析表面结构。

天文望远镜

17 世纪初，荷兰米德尔堡的好几个眼镜制造者同时宣称自己发明了一种新式"远视"仪器，学名"天文望远镜"。在今天看来，最有资格获此殊荣的应该是杨·力普黑，他于 1608 年申请了天文望远镜的专利。

力普黑把一块凸透镜和一块凹透镜放在不同的距离上，透过它们观察风向标的时候，风向标看起来变大了，于是他把两块透镜安装在一个镜筒里，从而发明了第一个望远镜。

当意大利学者伽利略·伽利雷得知此事后，于 1609 年也造了一个这样的仪器，并用它发现了许多重要的天文现象。他发现了月亮上有火山、山和环形山峰，发现了四大木星卫星、金星的位相、土星环、太阳黑子以及由无数的星星组成的银河系。

为后来望远镜的继续发展作出贡献的大多都是天文学家：德国天

牛顿望远镜

文学家约翰尼斯·开普勒发明了以他名字命名的天文望远镜；1663 年，苏格兰人詹姆斯·格雷戈里掌握了反射式望远镜的原理，用一个大的主反射镜来收集光束，一个小的捕捉物镜将光线反射到焦点面上，从而形成图像。第一架无颜色误差并且无反光的望远镜是由英国业余天文学爱好者切斯特·穆尔·霍尔于 1729 年制造出来的。随着计算技术的改进和特殊用途玻璃的发展，19、20 世纪的望远镜性能也越来越增强。今天的天文望远镜除了用于天文学研究，还主要用于军事技术。

精密核准的透镜

最简单的望远镜由物镜和目镜组成，复杂的则用透镜组合代替。被观察的物体透过物镜在画面光圈上形成一个小的图像，反射式望远镜承担这项任务的是一个凹面镜，这样就可以透过目镜像用放大镜一样来观察你已经大大放大的图像了。如果用棱镜把物镜射过来的光线分开的话，可以通过两个分开的透镜看到图像。对于天文学研究来说这已经足够了，但是要看地球上的物体则需要使用有两个望远筒的双筒望远镜。

观察浩淼宇宙

天文台首次配备位置固定的大型望远镜是在 17 世纪，最早的是 1637 年的哥本哈根天文台。1861 年，马萨诸塞州的剑桥大学拥有了当时世界上最大的天文望远镜，透镜的直径约 50cm。直到 20 世纪 70 年代中期，美国帕洛马天文台上反射镜直径达 5.08m 的望远镜是最大望远镜记录的保持者。1976 年，苏联天文台制造出了第一台直径 6 米的反射式望远镜。从 1998 年起，欧洲南方天文台拉西拉天文台的"甚大望远镜"一直是世界上最大的望远镜：它有 4 个 8.20 米的反射透镜。

反射式望远镜的制造者

英国数学家、物理学家和天文学家艾萨克·牛顿是第一架反射式望远镜的制造者——虽然不是其发明者，这种望远镜成为他天文学研究中的得力助手。1687 年出版的《自然哲学之数学原理》是他重要的物理学和天文学专著，其中阐述了他 1666 年就已经发现的万有引力定律——地心引力定律。此外，牛顿还致力于光学领域里的光谱分解研究。

望远镜的发展

测日仪

1754 年，英国数学家和天文学家约翰·杜兰给自己的望远镜取名为测日仪，它可以用来测量角度。

巨型反射式望远镜

1789 年，著名天文学家威尔海姆·赫歇尔制造了一架直径 122cm 的反射式望远镜，这也是世界上第一台大型反射式望远镜。

棱镜双筒望远镜

1894 年，德国物理学家恩斯特·阿贝发明了第一台实用的带有两个镜筒的棱镜双筒望远镜，它大大拓宽了人们的视野。

日冕仪

1930 年，法国默东天文台的李奥发明了专门用于观测太阳的日冕仪，这是一种能在非日食时用来研究太阳日冕和日珥的形态和光谱的仪器。

印刷出来的新闻

1609 年，史特拉斯堡书商约翰·卡罗勒斯试图把"一切有价值和有纪念意义的历史事件[1]"都收入《通告报》里面，他事先为里面可

---

[1] 原文是"Aller Fürnemmen und gedenckwürdigen Historien"，这句话是印刷错误，正确的应该是"Aller Fürnehmen und gedenkwürdigen Historien"，以此用来说明当时的报纸印刷错误百出。——译注

世界上发行历史最长的报纸——瑞典首都斯德哥尔摩的《英里克斯邮报》

能出现的错误请求大家的原谅，因为新闻的编排时间非常紧张，必须得连夜赶出来。《通告报》是世界上第一份报纸。1609 年，在沃尔芬比特尔还诞生了第二份报纸《埃维苏》。

报纸的产生必须具有两个前提条件：古腾堡印刷术的发明和作为交流手段的文字的普及。报纸业迅速壮大，不过一直到 1650 才出现世界上第一份日报，即蒂默特里茨·里茨施在莱比锡创办的《新到新闻》。

直到 18 世纪末，国家和教会的干预一直决定着报纸的发展。自从 1633 年在巴黎、1722 年在美因河畔法兰克福创办了所谓的《洞察报》之后，国家对经济的干预也变得日益明显。因为这些报纸只刊登政府通告和付费广告，这大大损害了私营业主的利益，因为每一条广告必须首先在这些报纸上印发后才允许印到其他地方，国家不仅控制了新闻出版，而且还从中得到巨大的经济效益。

从 19 世纪中期开始，尤其是轮转印刷机发明以后，报纸的批量发行开始形成。1914 年，德国有 4200 种日报和周报，总发行量达到 1800 万份。从 50 年代起，大的出版机构的影响力大大提升，世纪之交，很多报纸面临来自互联网的最大竞争；然而还远未到纸质报纸退出历史舞台的那一天。

控制和审查

早在 15 世纪末，国家和教会就已经企图阻止"有害的影响"了，首先进入审查范围的是传单和书籍，再后来是早期的报纸，它们在允许公开传播之前必须先呈送给审查机构审查。到了 18 世纪，在启蒙运动的影响下，市民阶层开始拒绝审查。1791 年，美国第一次将新闻自由写入法律。1789 年大革命之后法国也承认了言论自由。1919 年，德国魏玛共和国的宪法为新闻自由奠定了基础，1949 年的德国基本法将其重新纳入，宪法第五条规定："每个公民都有以语言、文字和图画自由表达及传布其意见之权利。"

铅字排版的结束

古腾堡的印刷术——活字印刷的使用——直到进入 19 世纪依然在印刷业中起着主导作用。一个排字工人如果用当时的技术排一页今天的报纸就需要 21 个小时。排字机的应用将排字时间缩短到了 4 个小时，一个排字工人用它每小时就可以排大约 6000 字。20 世纪 80 年代，电子技术和数据处理逐渐取代了传统的铅字印刷技术，照相排字机每小时可以排 200 万字。

有影响力的媒体霸主

伴随着大众媒体一同出现的是握有巨大政治权利的少数出版商，其中包括 20 世纪初美国的威廉·兰道夫·赫斯特和德国的阿尔费雷德·胡根贝格。二战之后，德国出版商阿克瑟·凯萨·施普林格的企业开始上升，他于 1946 年成立的《图片报》晋升为欧洲最大的马路报纸。现代媒体霸主的典型代表应该是美国媒体企业家鲁伯特·默多克，到 90 年代末，他的传媒帝国在全球拥有超过 1200 份报纸和杂志（包括伦敦的《泰晤士报》和《纽约时报》），此外还有各种出版社和电视台。

重要报纸的创办

《新苏黎世报》

1780 年，《新苏黎世报》将以前各自分离的新闻、评论、娱乐和广告等功能集于一身。

《泰晤士报》

1788 年，由约翰·沃尔特创办的《泰晤士报》日报在伦敦首次发行。

《纽约时报》

1851 年，《纽约时报》首发。这份来自美国的日报发展至今已成为世界上最重要的报纸之一,发行量在120万份(工作日)到170万份(周末)之间。

《法兰克福报》

1866年,这份由利奥波德·索内曼创办的报纸代表自由立场,在一战之前和一战期间它都致力于维护和平。直到1943年报纸被禁之前,纳粹党都容忍了上面刊登的文章。1949年,《法兰克福报》更名为《法兰克福汇报》(FAZ),它仍然保持自由保守主义的倾向。

潜　艇

1602年,荷兰人康奈利·范·特列柏驾驶潜水艇进入了泰晤士河,它的支架是木制浮标,表皮是浸过油的皮革。据说他乘着这艘功能强大的潜水艇下潜到了水下3.60米。早在此前的一百多年前,列奥纳多·达·芬奇就已经有了关于水下战船的想法,但是他并没有付诸实际。

特列柏为后来的许多潜心研究潜艇的设计者提供了创作灵感。1776年,在美国对英国的独立战争中,戴维·布什内尔设计的"海龟号"潜艇启程去攻击一艘战船,因为这艘单人潜水艇空气储备只能维持半个小时,这项任务以失败告终。

潜水艇设计的先驱们面临两个主要问题:只有木头可做建造材料之用,而且缺少合适的发动机装置,所以就连1851年威廉·鲍尔设计的德国第一艘潜水艇"布兰德潜艇"也还得仰仗臂力。直到1863年,法国制造完成的 "潜水艇"才用上了一个用压缩空气驱动的发动机,正因为如此,它会在水面留下气泡,从而失去了它最大的优势,即隐蔽性。19世纪末,在一系列新的发明如电动机、内燃机和鱼雷的推动下,现代潜水艇开发成功,美国设计师约翰·P·霍兰德的潜艇设计取得了决定性进展,他于1900年采用了双发动机:内燃机用于长时间的水上航行,电动机用于潜水。这一设计原理的应用一直持续到二战结束,从1954年起,人们开始转向特别适合潜艇的核能推动。如今的一艘潜

1917年的美国潜艇

美国维吉尼亚级潜艇

艇可以一直呆在水下长达数月之久。

两次世界大战中的德国潜艇

第一次世界大战期间，德国海军投入了潜艇并大获成功，因此，到二战时，他们依然将这种型号的战船应用到战争中。虽然德国海军最初接连获胜，但局势很快就发生逆转，因为这种潜艇很容易就能被雷达探测到，而且英国人也破译了德国的电台密码。在接下来的战争中，潜艇在任何地方都不再安全，到战争结束时，有四分之三的潜艇都在大海中沉没。

核动力驱动的潜艇

1954 年 1 月 21 日，世界上第一艘核潜艇"鹦鹉螺号"开始在美国服役期间的首次航行，它的两个涡轮机是由一个水冷却的反应堆驱动的。"鹦鹉螺号"可以在水下行驶很长时间而不用浮出水面。1955年到 1956 年间，它就已经行驶了 100000 公里，期间并没有补充过燃料储备。1958 年 7 月，"鹦鹉螺号"成为第一艘从海底横穿北极的潜艇。之后，苏联、英国和法国都开始建造核潜艇。1960 年美国核潜艇"乔治·华盛顿号"装备了核导弹。

电影、音乐及文学作品中的潜艇

《海底两万里》

1870 年，法国作家儒勒·凡尔纳写出了《海底两万里》，他是第一个将潜艇发明写入小说中的作家。船长尼摩乘"鹦鹉螺号"潜入深海。

《黄色潜水艇》

1968 年，英国的摇滚乐队甲壳虫在科幻动画片《黄色潜水艇》中经历了童话般的冒险。

《从海底出击》

1973 年，德国的前潜艇驾驶员洛塔尔·君特·布赫海姆在其纪实小说《从海底出击》中描写了他在二战中的亲身经历。八年以后，也就是 1981 年，德国导演沃尔夫冈·彼得森把布赫海姆的小说搬上了荧屏，这部写实和扣人心弦的影片在世界影坛获得了巨大成功。

来自欧洲的"白金"

1709 年 3 月 28 日，约翰·弗里德里希·波特格向萨克森选帝侯铁腕王奥古斯特二世报告，他找到了制作瓷器的配方。由此，这位 27 岁的宫廷炼丹术士便与自然科学家恩弗里德·瓦尔特·封·奇尔恩豪斯——他受波特格的领导——一起为他的君主开发了一个巨大的财源。

瓷器的历史已经非常悠久。从 16 世纪起，欧洲与远东之间进行的瓷器贸易有了飞跃发展。在欧洲的王公贵族眼里，这种珍贵的闪闪发光的材料已成为社会地位的象征，因此每个重视自己地位的权贵都在收集瓷器上不惜重金。

因此，当我们看到大大小小的当权者都争相试图解开制作瓷器的秘密用以保证其经济利益时，也就不足为怪了。然而最初的许多尝试都无果而终，要么就是原料搭配不对，要么就是没有达到足够的烧制温度，他们制作出的上釉的瓷器，其质量远远比不上中国。

萨克森的选帝侯奥古斯特二世是当时收藏瓷器最丰富的欧洲人，

他毫无顾忌地追随着自己的瓷器梦，竟至于把波特格和他的合作者像犯人一样囚禁起来。所谓的制作瓷器的秘方——也就是瓷器泥坯的配方、釉的组成、窑炉的构造和烧制的流程本身——在波特格研究成功之后就被奥古斯特封锁了起来，所以，1710 年在迈森的阿尔布莱希茨堡成立的瓷器厂在欧洲具有垄断地位。为打破这种垄断，从瓷器生产中分得一杯羹，各地王侯采用了间谍活动、贿赂和挖走专业人士等各种手段。到了 18 世纪，欧洲诞生了许许多多的瓷器厂，这种 "白金" 也因此而失去了它的垄断性。

瓷器的摇篮

瓷器源于中国。瓷器的主要成分是高岭土，它可能早就已经用在了公元前的陶器生产中。中国汉代（前 206—220 年）烧制出的容器和陶像多为青瓷，通常上绿釉。唐代时（618—907），陶器和白瓷贸易相当繁荣。不过到了 1259 年，这种"白金"才经威尼斯人马可·波罗之手而为欧洲人所知。从 1368 年起，明代的瓷器生产进入盛期，而且江西还出现了专为宫廷制作瓷器的官窑。18 世纪，中国的瓷器出口达到了一个顶峰。

享誉世界的迈森瓷器

1710 年，萨克森的选帝侯奥古斯特二世用四种语言宣布了阿尔布莱希茨堡迈森瓷器厂的成立。按照君主的意愿，这家瓷器厂应该自负盈亏，但是由于缺少资本和储备，刚开始的时候它就陷入巨大的财政困境，尤其是烧制出的瓷器有许多成了废品，因而产量很低。尽管如此，一直到 18 世纪中期，迈森瓷器厂生产出的瓷器在技术和艺术水准上在欧洲几乎遇不到竞争对手。不久之后，他们开始试图摆脱中国模式。1731 年，约翰·约阿希姆·康德乐来到迈森，完成了他的极富艺术性的瓷雕。1830 年，国家接管了这家皇家瓷器厂，它的标志——两柄交叉的剑——直到今天仍然是名贵瓷器艺术的象征。

瓷器之都迈森

迈森瓷器（1735）

迈森瓷器

迈森瓷器（1730）

源自烧制的土

瓷器的生产有一个复杂的流程，上花饰之前，由高岭土、石英和长石组成的泥坯必须先成形、晾干，然后经过大约 900℃的高温烧制。第一次烧制之后绘上釉底彩，然后上釉，之后再在约 1450℃的高温下第二次烧制，只有经过这次熟烧之后，瓷器才会有足够的硬度且不透水。在釉彩上涂第二遍釉之后，再放入约 900℃的温度下烧制第三遍。

欧洲早期瓷器生产的中心

维也纳、维森纳

1717、1738 年，维也纳在 1717 年成立了一家瓷器厂，这家工厂于 1744 年被收归国有。1738 年，在法国维森纳也成立了一家瓷器厂，它于 1753 年被收归国有。

巴伐利亚

1747 年，在巴伐利亚选帝侯马克斯三世的支持下，约瑟夫在奥沃河上的诺伊代克建立了一家瓷器厂，1761 年，它被迁至纽芬堡宫。

柏　林

1751 年，普鲁士国王腓特烈二世授予商人威廉·卡斯帕·维格利享有制作瓷器的特权，由他创办的瓷器厂于 1763 年被收归皇家所有。

英　国

1779 年，乔舒亚·威基伍德烧制出的白瓷逐渐取代了此前在英国广泛流行的米色瓷。

赌博者的天堂

世界上最著名的赌场肯定是在摩纳哥，然而这家 1863 年开张的赌场在当时并不是世界上的第一家，因为早在 1750 年德国的巴登—巴登就有了欧洲首家有营业许可的赌场。期间世界各地的赌场纷纷开张，无论是上流社会的人士还是平民都被吸引到这里来寻找自己的"好运"。

巴登—巴登赌场开张的时候，赌客们还玩"法式轮盘赌"，当时的轮盘赌与今天里面有个小球的大轮子不一样，使用的是所谓的小盆，金币和银币放在一块铺在桌子上的画着分格的布上。1838 年，在巴登—巴登出现了一家新的赌场，里面除了赌博也提供其它的娱乐项目。三年以后，在巴德霍姆堡也有一家赌场开张。1850 年，摩纳哥亲王产生了效仿德国疗养地的先例以改善国家财政状况的想法，卡洛三世希望法国的赌徒可以把钱花到摩纳哥，因为在法国赌博是被禁止的，但是由于交通不便而未获成功。于是，卡洛三世将巴德霍姆堡赌场的负责人弗朗索瓦·勃朗请到摩纳哥。1863 年，勃朗在一个风景优美的小山坡上建造了一所新赌场，为了对亲王表示敬意，这个小山坡被命名为"蒙特卡洛"。 1868 年新修建的铁路把蔚蓝海岸（Cote d'Azur）的游客带到这个赌博天堂之后，这家赌场才真正开始获得成功，仅 1870 年代每年就有 150000 位赌博者踏上去摩纳哥的路，从此世界各地的赌客都汇集到了蒙特卡洛，其中既有国王和皇帝，也有企业家、艺术家和各路名人。如今的赌场早已成为普通老百姓也可以光顾的地方，他们在自动赌博机和赌桌上寻开心。

印第安人的报复

很长时间以来，在美国社会卫道士的严密监视下，赌徒们的合法赌博场所一直很少，只有荒凉的内华达州和东海岸的大西洋城才允许"赌钱"。20 世纪 80 年代起，赌博业开始在印第安人聚居区繁荣起来，因为他们拥有更多的自治权，并且不需要缴税。赌客们来到这里，将上百万美元注入这个曾经贫穷地区的赌场里，赌场和旅馆业振兴了当地的经济，提高了就业率。印第安人从中掠走了大部分白人赌徒的钱，"纽约时报"把这视为迄今为止印第安人在与白人的持久战争中最高明的策略。

纸牌赌

从赌场产生起，轮盘赌所占的份额就比较少，占据重要地位的主

赌场

要是纸牌游戏，如 31 点（Trente—et—un）和后来的 21 点（Vingt—et—un），这种游戏今天被称为黑杰克。如今特别受欢迎的还有法老王，赌哪张牌先翻开。19 世纪，弗朗索瓦·勃朗——巴德霍姆堡赌场的负责人去掉了轮盘赌的第二个零，从而大大提高了玩家的获胜机会。

堕落的社会

拉斯维加斯作为荒漠之中的罪恶渊薮被载入史册。一种由赌博、黑手党活动、卖淫等混合而成的特殊魅力吸引着世界各地的赌徒们来到这个内华达州的城市。1944 年，黑手党老大巴格西·西格尔开始在这儿开设了第一家名为"火烈鸟"的赌场。20 世纪 50 年代，一些歌星大腕如弗兰克·辛纳屈、小萨米·戴维斯和迪安·马丁鼓舞着来到这里的观众。许多影片也将拉斯维加斯和它的阴暗面作为素材搬上了荧幕，如 1991 年拍摄的奥斯卡获奖影片《巴格西》，影片中由沃伦·贝蒂扮演的主角反映了西格尔生命中的最后几年。

赌场的主要发展阶段

巴德霍姆堡赌场

1841 年，这家赌场开张，很快它就发展成为赌客最多、营业额最

赌城拉斯维加斯夜景

大的德国赌场。

赌场禁令

1868 年，普鲁士下令关闭所有赌场，这条让蒙特卡洛获益巨大的禁令一直持续到 1933 年才取消。

哈瓦那成为赌城

1920 年代，美国东海岸的赌场因遭禁而迁至邻近国家古巴首都哈瓦那。

战后重新开张

1948 年，二战结束后，巴德诺因阿尔的赌场重新开张，接着特拉沃明德、巴德霍姆堡、巴登—巴登和威斯巴登的赌场也相继重新营业。

第五部分　工业时代的开始

（18 世纪末至 19 世纪）

蒸汽机

约公元 100 年，希腊机械师海伦·封·亚历山大制造了一台神奇的机器：一个煮水的锅，上面安装了两根出蒸汽的弯管，通过蒸汽的反作用力可以让活动的锅绕着它的轴转动。不过直到 1765 年，苏格兰人詹姆斯·瓦特才造出了第一台正常运转的蒸汽机。

原则上说，海伦的机器就是历史上第一台蒸汽机，但是由于它的功率很小，用两根指头就可以将其停下，因此在技术上应用蒸汽力的路途依然很远。1690 年，法国物理学家、压力锅的发明者丹尼斯·巴本制作了一个黄铜气缸，里面安装了一个活塞，当他把水在汽缸里加热时，蒸汽就会推动活塞，离开热源，活塞就会落下去。此外，这位发明家还能借此举起重物。1712 年，英国人托马斯·纽科门把蒸汽锅炉和气缸分开，制造了一台水泵，但是其功率并不尽如人意。瓦特蒸汽机的问世带来了新的突破。瓦特蒸汽机的最大改进是：首次实现了通过蒸汽压力自身来推动气缸里的活塞，从而取代了过去的真空蒸汽机。1780 年，瓦特采用了轮轴和飞轮，有了它们，活塞的来回运动就

瓦特蒸汽机

可转变为轮轴的旋转运动。此后，蒸汽机成为了引领工业化时代的万能推动器。

机车的胜利进军

1801 年，英国人理查德·特拉维斯克把一台蒸汽机安装到了一辆交通工具上，其载人时速为每小时 15 公里。他的这种交通工具是该类型车辆中第一辆能够真正运行的。到了 1804 年，世界上第一辆蒸汽机车已经在铁轨上运行了，它同样出自特拉维斯克之手。

八年之后，他的同胞约翰·布伦金索普也制造了一台机车（也是最早的机车之一），它主要用于日常的采矿作业。1825 年，英国人乔治·史蒂芬森的蒸汽机铁路竣工，这是世界上第一条正规的铁路线（达林顿至斯托克顿）。

汽轮机带来功率的提高

1883 年，瑞典工程师卡尔·古斯塔夫·德·拉瓦尔发明了一台全新类型的蒸汽机：汽轮机。与活塞蒸汽机相比，它的转速和功率都高得多。1894 年，汽轮机第一次用在轮船上。1900 年，法国工程师奥古斯特·拉托展示了一台新型的多级汽轮机模型，自此以后，汽轮机逐渐取代了活塞蒸汽机。

早期的能量储存者

生于 1736 年的詹姆斯·瓦特开始是以"数学仪器设计者"的身份在格拉斯哥大学做研究，那儿有一台被称为纽科门平衡杠杆蒸汽机的模型急需修理，瓦特把这台机器重新修好并改善了其功能，改良后的机器煤炭消耗量仅为原来的三分之一。

这位发明者和企业家约翰·罗巴克一起申请了一项"火力机中关于降低蒸汽及燃料消耗的新方法"的专利。1775 年，瓦特和工厂主马修·博尔顿一起成立了一家生意兴隆的驱动机公司，直到去世（1819）他都是这家公司的合伙人。

蒸汽机的使用

航　运

1802 年，第一艘叶轮蒸汽船在苏格兰的福斯—克莱德运河上航行，此后水路成为重要的工业运输路线。

采　矿

1835 年左右，蒸汽机被用于煤矿和铁矿开采以及铁的冶炼，从而大大减轻了劳动强度。

修　路

1859 年，法国道路工程师雷蒙恩发明了蒸汽压路机，它的使用——首先是在城市中的使用——大大提高了道路的质量

发　电

1888 年，发电厂首次使用蒸汽机，用功率大得多的汽轮机来推动发电机。

工厂劳动的开始

工业革命及它对整个社会的根本影响始于 18 世纪下半期，具有划时代意义的发明如 1765 年詹姆斯·瓦特发明的蒸汽机让其成为可能。工业革命始于英国，它带了一场巨大的社会变革，短时间内，欧洲和北美洲的社会、经济、政治、科技结构都发生了根本性的转变。早在 17 世纪，工业革命的萌芽就已经出现了，但是它的影响却一直持续到 20 世纪。这场革命在 19 世纪经历了一个迅猛的发展阶段。

在瓦特的发明经历了四分之一个世纪之后，蒸汽机才逐渐被应用到工业领域中。18 世纪末至 19 世纪初，工业革命开始了。虽然蒸汽机和新式纺织机如纺纱机和织布机在德国和法国早已为人所熟知，但

是首先发生工业革命的国家是英国。1788 年，德国上西里西亚就已经开始使用蒸汽机，1796 年，当地甚至出现了一台高炉，尽管如此，德国的工业革命于 1850 年前后才真正开始，也就是说，德国的工业革命要比英国滞后约半个世纪。

工业革命之初的状况

工业革命的历史根源可以追溯到很久以前。17 世纪，几乎欧洲各地的皇权都已经战胜了封建君主，国家的政治结构发生了转变，出现了军队和政府机构。这些新产生的臃肿的管理机构需要花费大量的金钱来维持运行。国民的大部分，其中主要是农民，成为贫困阶层。因为当时农民用于购置生产资料的资金主要依赖借贷，从中获利的是那些放高利贷者、客店老板、屠户、商人和少数拥有越来越多田产的大地主。很多资本持有者不再亲自经营自己的产业，而是将它们租出去，从中间租赁者和佃户那里收取利息。数十年来的这种不合理的农业生产模式，导致了土地的过度利用和贫瘠化以及收成的降低，农民阶层的生活每况愈下。因为当时的德国是由若干个混乱的小国组成的，没有一个统一的政治中心，所以过了很久之后，才跟上欧洲工业革命的步伐。

政治改革作为先驱

在 18 世纪下半期的政治发展进程中，英国是受到冲击最大的国家。随着 1776 年 7 月 4 日美国宣布独立，英国同时丢失了新大陆的 13 个获利丰厚的殖民地，这 13 个殖民地组成了美利坚合众国。1789 年，对王室的腐败生活深感厌倦的法国人冲击了巴士底狱，并建立起革命政权。1786 年缔结的英法贸易协定也因此而宣告失败，这份协定本来能够给法国王室内库带来可观的收入并为英国工业打开法国市场。英国经济面临崩溃，数十万农民失去了生存的基础，工业生产停滞。王室对于国民经济的发展现状表现得束手无策，除此之外，由封建主的资产阶级后裔、贪婪的大商人、殖民者和爱财如命的海盗共同组成的英国上层社会面对此境也同样一筹莫展。所有这些暴发户都有两个共同点：追逐利润并喜欢让别人为自己卖力。无数的失业者和在近一百年里迅速增加的由农村流入城市的劳动力为他们提供了机会。

迈向新时代

于是，人们想到了那些技术发明，如蒸汽机、纺纱机、织布机等，并尽可能地对其加以利用。但是，这并非资本主义剥削阶级的一种有预谋有计划的行为，而是许多无所顾忌的冒险者和亡命徒在茫然的绝望中所做的一种或多或少有效的挣扎。

所以并没有持续的工业增长，有的只是一种在经济危机和企业亏损的打击下持续百余年的野蛮的经济增长。这个时期唯一可靠的就是一个可怕的规律：一再出现的经济大萧条，仅 1825、1826 到 1866 年间就出现了 5 次。

即使到了 19 世纪下半期的繁荣阶段，工厂里的工作条件都是不人道的，妇女和儿童每天的工作时间达到十个小时，男工的工作时间甚至长达要命的 15 小时，而收入却少得可怜。工人长时间在没有任何法律保护的情况下忍受工厂主的无情盘剥。大城市不断增长，伴随而来的是工业无产阶级栖身其中的环境恶劣的贫民窟，工人们不仅因工作而身心疲惫，而且还要忍受严重的传染病的折磨。

工业化始于英国，它在欧洲大陆蔓延的进程是缓慢的，其主要原因在于，直到很晚法国和德国的农业生产中才像英国那样出现大量解放的劳动力。在西班牙、意大利和阿尔卑斯山国家，只有当农业生产通过改善生产手段提高了收成并因此减少了对劳动力的需求之后，它们才开始跟随工业化发展的脚步。

工业国家的产生

虽然 18、19 世纪出现了许多不利因素，但是总体形势还是积极的。1900 年左右，因为工业革命大大提高了人均产量，工业国家的大部分国民比一个半世纪以前都更加富裕和健康，人们的住宿条件也得到了改善，仅在原料的使用数量上就已经体现这一点。 1700 年，世界石煤的开采量只有 300 万吨，1800 年才达到 1300 万吨，而到了 1900 年其年产量已经达到了 7.08 亿吨；相同的时间段里石油开采从 0 增加到 2.06 亿吨；仅 1850—1900 年间，全世界小麦的产量就翻了一番，而在相同的时间内，糖的产量增加了 20 多倍。世界牲畜存栏数增加了 5 倍。新的钢铁工业生产方法的应用为铁路网的扩建提供了条件，1900 年的铁路线长度已达到几十万公里。从 1720 年到 1900 年，世界外贸易总量增长了近 50 倍。

蒸汽船

苏格兰人詹姆斯·瓦特的蒸汽机刚满十周岁的时候，两个法国人，J.C. 皮埃尔和格拉夫·奥锡隆，用蒸汽机装备了一条小船。他们的首次试航非常成功，接着就有许多机械师也纷纷效仿。不过，到了 19 世纪，大功率的大型远洋轮船才真正制造出来。

1707 年，丹尼斯·帕潘驾驶一条小船从卡塞尔出发，沿富尔达河行驶到汉诺威附近的明登，很长时间以来，人们一直把这一年视为蒸汽船诞生的时间。可是，他的小船实际上并没有装备蒸汽机组，它的设计只是处于蒸汽船的初始阶段。直到几十年以后，1774—1775 年间，他的同胞 J.C. 皮埃尔和格拉夫·奥锡隆才造出了第一艘蒸汽船，并驾驶着它在塞纳河上航行。皮埃尔和奥锡隆设计制造的蒸汽船只能在河上行驶，而且行驶速度极其缓慢，即便如此也吸引了众多效仿者，在随后的几年中，法国的河流上出现了许多类似的小汽船。自 1788 年起，苏格兰人威廉·赛明顿制造的蒸汽船的功率已经大大提高，尤其是 1802 年投入使用的"夏洛特·邓达斯号"。欧洲的其他设计师们也纷纷追随苏格兰先驱的脚步，在法国生活的美国人罗伯特·富尔顿便是其一，他于 1807 年在美国造了第一艘意义重大的蒸汽船：长 40 米、重 100 吨的"克莱蒙特号"。但是，它起初并没有取得商业上的成功，

因为它还需要去消除同时代人由于对
它缺乏认识而产生的疑虑。1838 年，
英国"大西部号"蒸汽船建成，但是
人们对它是否适合远洋航行还存在争
议，到了 1900 年左右，它终于确立了
自己的远洋航行地位。1897 年发明的
汽轮机逐渐取代了传统的船用蒸汽机，
1902 年发明的船用柴油发动机也开始
投入使用，这些都大大提高了轮船发
动机的功率。

Fig. 66. — Steamboat (bateau à vapeur) sur le Mississipi.

在密西西比河
航行的蒸汽船
（1888）

无情的军备竞赛

　　钢铁材料于 1845 年开始被用于造船，再加上蒸汽机在造船业的应
用，两者共同促成了世界上第一艘巨大的重型装甲战船的问世。1849
年，法国建造了世界上第一艘以蒸汽机为主动力装置的战列舰"拿破仑"
号，装备有 100 门舷炮；1858 年，法国装甲舰也下水，英法之间的军
备竞赛就此拉开。1859 年，英国用两艘更大的炮兵船"勇士号"和"黑
王子号"予以回击。在随后的半个世纪里，海上霸权争夺战愈演愈烈，
德国、美国和日本也卷入其中。当 1914 年第一次世界大战爆发的时候，
战争双方却未能以他们的装甲巡洋舰和战列巡洋舰获胜。

海上巨轮

　　1838 年，英国人伊桑巴德·布鲁内尔用木头制造了第一艘 72 米
长的海上巨轮"大西部号"。布鲁内尔的第二艘巨轮"大不列颠号"
的船体是铁制的，蒸汽机能提供 1500 马力的动力，这艘 98 米长的船
可以装载 360 名乘客和 600 吨货物。1858 年，布鲁内尔的"大东部
号"下水，船长 211 米，能装载 4000 名乘客和 6000 吨货物，在发生
多次事故之后被迫停航。后来的巨轮也都没有取得成功。在"泰坦尼
克号"于 1912 年 4 月 15 日沉没之后，巨型蒸汽船的时代便接近尾声。

自 1930 年起，海上巨轮均由柴油机组驱动。

重要蒸汽船的建造

"克莱蒙特号"

1807 年，罗伯特·富尔顿驾驶"克莱蒙特号"开始远程首航，从纽约到奥尔巴尼，来回航行了 140 英国海里，耗时 62 小时。

"马杰里号"

1814 年，"马杰里号"作为第一艘渡轮（伦敦至马盖特）被投入使用，因其改良的桨轮驱动被视为蒸汽船发展中的里程碑。

"西维塔号"

1829 年，波西米亚人约瑟夫·雷赛尔展示了第一艘成功的螺旋桨汽船"西维塔号"。1837 年，瑞典的"诺维尔提号"下水，它是世界上第一艘螺旋桨驱动的商用蒸汽船。

"威廉二世号"

1902 年，"威廉二世号"建成下水，它由活塞蒸汽机驱动，其驱动功率为 44500 马力。这艘快轮拥有当时世界上最强大的蒸汽驱动装置。

勇敢的跳伞者

1783 年，路易斯—塞巴斯蒂恩·雷诺马德手拿两把太阳伞从蒙彼利埃观测站大约 4 米的高处跳下，在这之前，他已经借助降落伞从一棵树上跳下来过，结果毫发无伤。这次尝试被视为欧洲史上首次跳伞运动。

雷诺马德的跳伞尝试很有可能源于一个想法，即借助降落伞从着火的建筑物中逃生。1785 年，让—皮埃尔—弗朗索瓦·布朗查德第一次用降落伞把一只小狗送到地面。雷诺马德的同乡安德烈·雅克·加纳林改造了太阳伞，让降落伞得到推广。1797 年，加纳林第一次当着众人的面从 1000 米高的热气球上飘下落到巴黎，1802 年，他又把自己绑在一个直径约 7 米的帆布伞上成功地从 2440m 的高度跳下。起初，跳伞看起来像是一种测试勇气的运动，但随着飞行技术的发展，它也变成了飞行员重要的安全保障，后来降落伞也被用到了军事中。1912 年，美军的一位机长艾伯特·贝利首次从飞机上成功跳伞。然而体育运动依然处于跳伞的中心地位，它让勇敢的人们自愿从飞机和气球上跳下。从 20 世纪 60 年代起，降落伞又承载了一项雷诺马德和加纳林想都不敢想的新功能：火箭或宇宙飞船降落到地球的整个过程需要减速降落伞来保障安全。

单人跳伞

处在被遗忘的角落

设计降落伞的想法早在几个世纪之前就产生了，中世纪时就有玩具降落伞，据考证，在 14 世纪的中国也已经有了降落伞杂技表演。1495 年，全才达·芬奇绘制了第一幅设计图，这有可能是第一个实用的想法。

之后这个想法却一直处于被遗忘的角落，直到升空的可能性出现以后，人们才不得不开始考虑紧急状态下如何重回地面的问题。因此，18 世纪下半期，热气球的发明对降落伞的发展也具有决定性意义。

服务于空军

降落伞的军事用途一开始备受质疑，直到一战末，英国空军才允许试用降落伞。到了二战期间，尤其是在德国空军中，伞兵已经变成了效率最高的部队，他们可以空降到敌人的后方，还可以用降落伞将物品和食品空投到地面部队无法达到的地点。1944 年，联军在诺曼底登陆中，英国和美国投入的空降部队为地面的远程攻击做好了准备，从而使联军得以成功突袭。

阿波罗15号返回地球降落的情景

集体跳伞

跳伞里程碑

第一次紧急跳伞

1808 年，希腊人尤达奇·库拉彭托不得不从华沙上空一个着火的热气球上跳下，降落伞第一次有了救生的作用。

从飞机上跳下

1912 年，在美国密苏里州，美国人艾伯特·贝利从一架 450 米高度上的双翼飞机上跳下并安全着陆。

女跳伞者

1913 年，美国北卡罗来纳州的 15 岁女孩乔治亚·汤姆森从洛杉矶上空一架飞机上跳下，成为第一个女跳伞者。

自由降落

1924 年，美国军士兰德尔·鲍思从 1350 米的高度跳下，降落 450 米之后才拉下开伞索，成为第一个自由降落的跳伞者。

热气球

1783 年 6 月 5 日，第一个热气球在里昂的阿诺奈起飞，它在空中飞了约 2 千米。该实验的发起人是米歇尔·约瑟夫和艾蒂安·雅克·蒙戈尔菲耶兄弟，气球是用平纹亚麻布和纸做的。他们一年前的第一次实验用的是一个袖珍气球——一个装满热空气的丝绸袋子。

　　兄弟俩从燃烧的现象中得出，热空气膨胀后会上升：既然烟可以推动燃烧的纸在空中旋转，那么是否能将这种力用于……热气球的创意诞生了。9 月 9 日，首次飞行成功之后，国王路易十六和他的妻子玛丽·安东奈特亲眼见证第一批生物——一只羊、一只鸡和一只鸭子——在空中待了八分钟；1783 年 11 月 21 日，两位勇敢

18 世纪，人们在观看热气球升空。

的贵族让·弗朗索瓦和帕里斯成功在高空中待了五分钟，人和动物都安全返回地面。此后竞争并没有停止。物理学家雅克·亚历山大·查尔斯充分发挥了氢气的优点：1766 年发现的这种气体比空气轻 15 倍，但是同样的体积却有更强的推动力，而且也不用加热。1783 年 12 月 1 日的演示给人们留下了深刻的印象，查尔斯用两个小时走完 40 多公里，几千人一齐欢呼。接着让·皮埃尔·布朗查德的气球成了年集畅销品。1785 年 1 月 7 日，法国人借助西风成功飞过了英吉利海峡。今天，热气球不仅能消除浪漫者日常生活的紧张感，而且它在研究和发展领域的地位也日益上升。

环球飞行

　　因为气球对风向的依赖很大，所以不太适合创飞行记录：1897 年第一次飞抵北极的尝试被永久地冰封。直到 1978 年，氦气球"双鹰 II 号"才第一次成功从美国跨过大西洋飞抵法国。1999 年，在经历了 17 次失败之后，第一次持续的环球飞行成功，定期的天气预报、现代定位导航技术和地面站的中央控制为这次飞行成功提供了重要条件。3 月 21 日，瑞士人伯特兰·皮卡尔和英国人布赖恩·琼斯于 3 月 21 日乘坐"百年灵 III 号"飞抵埃及沙漠，历时 19 天 21 小时 55 分钟。

令人眩晕的高空

　　热气球飞得越来越高，载人飞行的最高记录是 31400 米，它为科

FIGURE EXACTE ET PROPORTIONS.
DU GLOBE AÉROSTATIQUE,
Qui, le premier, a enlevé
des Hommes dans les Airs.

1783年的热气球

学家们提供了关于风和天气状况形成的许多重要知识。但是气球驾驶者也面临着恐高症的威胁，如1875年的一次8000m高度的飞升让三位参加者中的两位送命。1931年，针对气压低和氧气含量低的问题，瑞士人奥古斯特·皮卡德使用了一个与外界屏蔽的吊篮来更好地保护自己，他挺过了16000m的高度，安全降落在一个冰川上。今天用的比较多的是用于研究的非载人气球。

热气球的开拓者

第一个热气球的产生有两位推动者：来自里昂小城阿诺奈的造纸厂厂主米歇尔·约瑟夫·蒙戈尔菲耶和艾蒂安·雅克·蒙戈尔菲耶。1783年，他们在城中一堆点燃的旺火上升起了史上第一个气球，作为褒奖，国王路易十六赐予蒙戈尔菲耶家族贵族头衔。试验中，兄弟两人非常小心，只有一次，1784年，米歇尔·约瑟夫鼓起勇气在空中待了10分钟，很有可能携带了"保障生命安全的设备"——降落伞。为安全起见，早在1779年他就已经实验过降落伞的效果了。

重要气球种类的发展

热气球

1783年，气球下面的燃烧器把空气加热，从而产生推动作用，关掉燃烧器，空气冷却，气球便降落。

氢气球

1783年，这种填充了膨胀气体的气球用带有气门瓣和扯裂式气门板的装置，可以快速调整气压。

系留气球

19世纪，系留气球用一根绳子固定在地面上，这种气球主要用于低空测量。

氦气球

20 世纪，稀有气体氦属于惰性气体，不可燃，作为气球填充气体危险性小，因此也被用在齐柏林飞船上。

预防瘟疫

1796 年 5 月 14 日是与流传甚广的恐怖天花病斗争的里程碑，这一天，英国乡村医生爱德华·詹纳成功完成了牛痘接种实验，两年之后他就此发表了一份报告，主动防疫天花第一次成为可能。

早在詹纳之前的 18 世纪，所谓的人痘接种就已经广为人知，即用真正的水痘接种疫苗。虽然这种最初在中国和土耳其使用的传染痘脓的方法可以减轻病症，但是接种过水痘的人以后还是会复发，还是会有生命危险。

爱德华·詹纳在思考过程中发现了一件奇怪的事情：曾经感染过牛痘的人大多对这种"真正的"危险水痘具有免疫力。这位英国医生决定进行一次冒险的实验，至于结果如何，连他自己也不能确定：1796 年 5 月，他为八岁的健康男孩詹姆斯·菲普斯接种了一个感染牛痘的女仆的脓汁，七天以后男孩生病了，不过很快就恢复了健康。过了一个半月，詹纳又给这个小男孩接种了真正的水痘，结果小男孩没有被感染，几个月以后这位乡村医生又重复了在菲普斯身上的步骤，结果同样是成功的。虽然这种方法被反对接种的人曲解为"血出脓"，它却依然普及开来。1874 年，德国规定种痘预防接种为义务接种。100 年以后，世界卫生组织宣布天花已经消灭，西方国家的接种热情开始下降，因此专家不排除新一轮天花病暴发的可能性。

"儿童的扼杀天使"

白喉病会导致呼吸困难且致死率很高，早期它在民间被称为"儿

1972年美国推广疫苗接种

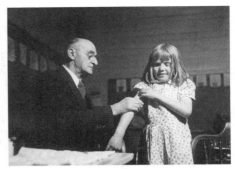

美国得克萨斯州圣奥古斯丁县的施赖伯博士在一所农村学校接种伤寒疫苗。拍摄于1943年4月。

童的扼杀天使"。1890 年，德国人埃米尔·贝林和日本人北里柴三郎发现了白喉病和破伤风的抗体，从而建立了血清疗法的里程碑。在 1892 年制造出白喉抗毒素之后，这种病的致死率从 52% 降到了 25%。从 20 世纪 40 年代起，人们开始系统地实施预防接种，从而使患病率大大降低。

成功预防小儿瘫痪

"口服接种是甜的，小儿瘫痪是残酷的。"1962 年，德国用这句标语推广口服预防小儿麻痹症接种。早在 1954 年乔纳斯·索尔克就已经在匹兹堡演示过通过注射死疫苗来预防传染了，它能让传染率降低 86%。

期间证明，美国病毒学家阿尔伯特·B·萨宾研制的活疫苗效果更好。据专家预计，如果有足够的疫苗接种，工业国家中的年发病率会低于百万分之一。

风疹不再恐怖

直到澳大利亚医生诺曼·麦卡利斯特·格雷格确定了新生儿畸形和母亲在孕期感染过风疹之间的关系之前，风疹很长时间以来一直被视为没有危险性的儿童病。格雷格 1941 年发表的研究成果主要致力于找出先天性白内障的发病原因，但在 1943 年的一份研究报告中，这位澳大利亚人和他的同事查尔斯·S·斯旺却发现，孕妇在怀孕前两个月感染风疹可能引发儿童的畸形、聋哑、斜视、心脏病和精神障碍。1969 年起，一种有效预防风疹的疫苗问世了，这种疫苗首推育龄妇女接受接种。

疫苗发展的里程碑

欧洲的种痘疫苗

1717 年，玛丽·沃特利·孟塔古用很久以前就已经在亚洲使用的"真正的"水痘接种，这种方法在她英国的家乡广为人知。

流行性腮腺炎疫苗

1946 年，美国人富兰克林·恩德斯研制出一种预防流行性腮腺炎的接种疫苗。这种唾液腺的疾病也被人们称作"痄腮"。

麻疹病毒疫苗

1954 年，麻疹病原体被发现之后，人们就可以通过注射麻疹减毒株疫苗来预防这种传染病了。

B 型肝炎疫苗

1982 年，美国开始采用一种以抗体为基础的疫苗来预防 B 型肝炎，这种疫苗是 60 年代美国病毒学家巴鲁·S·布隆伯格从土著居民身上发现的。

石板印刷术

1809 年，奥地利人阿罗依·塞尼菲尔德发布了一则广告，向凸版和凹版印刷宣战，广告里宣传的是他 1796 年发明——更确切地说是发现——的石板印刷术，塞尼菲尔德也因此成为第一个发明平板印刷术的人。

塞纳菲尔德 26 岁时，母亲有一天让他给自己写一份洗衣单，因为

杜米埃石版画
《特郎斯诺宁
街的屠杀》。
1834年作。现
藏巴黎国立美
术馆。

当时手上没有纸，所以他便把字写到了石头上，稍后当他清洗石头想
再往上写字的时候，却发现湿了的石板根本沾不上油墨，但是之前写
过字的地方却能重新着色，复制任意多同样的内容，石板印刷术由此
诞生了。它一下子将印刷者分成了两个阵营：一个阵营把它当作同行
竞争的手段，另一个阵营则充分利用了这种新的方法，因为它使大尺
寸的插图印刷第一次成为可能，而且较之以前的印刷方法，其灰度上
的差别更加精细。

　　石版印刷术无疑是今天胶印技术的先驱。1846年，英国发明了一
种新的用于平版印刷的平台印刷机，它可以自动完成除了供纸和取纸
之外的所有工作。之后，德国人海尔曼和美国人艾勒·W·鲁贝尔分
别为印刷机的进一步发展作出了贡献：他们发明了现代的胶印印刷技
术，用灵活的胶片作为图像载体，因此轮转印刷机的使用也成为了可能。

艺术之作

　　1796年之后，出版社就已经开始使用这种新的石板印刷方法了，
然而最初只用于复印文章和紧急公文。1803年，随着《石印术样本》
的出版，伦敦第一次出现了艺术石版画，接下来的几年和几十年里，

无数的德国、英国和法国艺术家使用了石板印刷的方法，其中包括戈特弗里德·沙多和欧仁·德拉克洛瓦。1830 年以后，奥诺雷·杜米埃、卡米耶·柯罗、埃德加·德加和奥古斯特·雷诺阿的重要石板印刷作品也诞生了。

石版印刷术的复兴

到了 20 世纪，作为平版印刷方法的胶版印刷取代了石板印刷，石板印刷退出历史舞台的日子似乎指日可待。然而事实却并非如此。许多艺术家对石版画的热情依然未减，比起轮转印刷机的环境来说，石板印刷的工作更符合他们的心态。推动了 20 世纪石板印刷繁荣的首先是重要的杂志和书本插图画家，其中包括挪威表现主义画家爱德华·蒙克、德国画家洛维斯·科林特、法国的亨利·马蒂斯、帕布罗·毕加索和乔治·布拉克和马克·夏加尔。

Gargantua.

杜米埃的石版画《高康大》。他因借此讽刺国王路易·菲利普而入狱。

彩色平版印刷技术

1826 年，塞纳菲尔德发明了一种彩色的平版印刷方法，需要使用三到四块印刷板。用一种复写方法将同样主题的原稿完全一致地印在所有涂上不同颜色的石板上，前提是艺术家需得掌握准确的混色知识。这种方法不适合细致的颜色组合，因此它只能用于宣传画印制。1867 年，查理斯·泰斯·杜·蒙泰借助照相平版印刷第一次发明了适用于机器印刷的彩色平版印刷技术。

重要的石版画艺术家

弗朗西斯科·何塞·德·戈雅

1746—1828 年，西班牙画家戈雅从 1799 年起就是西班牙国王的宫廷画师，1824 年，他流亡到法国。石版画属于他创作的后期作品。

奥诺雷·杜米埃

1808—1879 年，这位法国漫画家主要创作充满讽刺意味的杂志插图，从 1840 年起，他也创作了大量的图书插图。

亨利·德·图卢兹·劳特列克

1864—1901 年，图卢兹·劳特列克这位对同时代的印象主义持拒绝态度的画家和版画家在巴黎蒙马特尔区的杂耍剧院和妓院中找到了他的创作主题。他为"红磨坊"和女星拉·古丽作的石板宣传画成为其传世名作，此外他还为报纸和图书创作过大量插图。

便携电源

1800 年，意大利物理学家亚历山德罗·朱塞佩·伏特推出了一种可以持续产生电的直流电源。与通常使用的电容器相比，这种被称为"伏特柱"的世界上第一款电池更加实用、方便，因为之前的电容器在每次使用之前都要先充电。

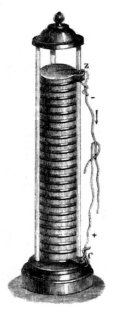

目前已知的世界上第一个电池

为伏特的发明奠定基础的是他的同乡路易吉·伽伐尼。1780 年，这位解剖学教授在课堂实验中发现，解剖了的青蛙腿与两块不同的金属接触到一起会抽搐，伽伐尼猜测应该是青蛙腿上产生的电流引起的反射动作。14 年后，伏特发现电流是来自那两块金属。他的第一款电池是用铜和锌片做的，中间是盐溶液泡过的纸片。不过这种电池有其缺点：即使不提取电流的时候，锌片也会溶解，氢气泡会使电压降低。1867 年，法国人乔治·勒克朗谢用干电池解决了这一问题，干电池的两极由浸在氨水中的碳和锌组成。之后无数的改良接踵而至，1912 年，托马斯·阿尔瓦·爱迪生获得了不透气的镍镉电池的专利，1950 年，第一款不透气的纽扣电池上市。1998 年推出的锂离子电池容量和功率更大，而且较之以前有毒的镍镉电池也更加环保。

可充电电池

1859 年，法国物理学家加斯顿·普朗特发明了可以重复充电的电池。他制造蓄电池的材料是浸在硫酸中的铅片，充电的时候，铅片会转化成氧化铅，电流输出的时候，氧化铅又会重新转化成铅。这是第一款能够储存电流的蓄电池，与普通电池相比，它一般用在电流强度要求比较高的地方——为电机供电，如刮胡刀、汽车起动器、蓄电池螺丝刀等。

电池的两极

一块电池由两极组成，两极之间是固态电解质或电解液，最简单的两极由不同的金属片组成，电解质是一种可以融化或分解成离子的材料，也就是能分裂成可充电的粒子的材料。电解质中不同的电极之间能够产生电压，一旦将外部电流消耗体，如灯泡，接在两个金属片上，电流就会流经消耗体。

面向未来的发明

1839 年，英国人威廉·R·葛洛夫发明了一种面向未来的电源：燃料电池。一般的电池通过金属分解产生电流，而葛洛夫的燃料电池则是通过氢和氧的结合，也就是说通过没有明火的氢气燃烧产生电流。后来的设计者则将氢气换成了沼气或煤粉。因为不再使用氢气，电池变得物美价廉。预计这种电池会广泛应用在电动交通工具上，因为传统的电池或蓄电池的驱动功率不足以满足这方面的要求。

电池发展的重要阶段

功率提高

1901 年，美国发明家托马斯·阿尔瓦·爱迪生研制出了镍镉电池和镍铁电池，其功率比以前的电池更高。

新的制造技术

1938 年，瓦尔塔公司开始生产带金属片的蓄电池，用一种特别的加热方法粘合——热熔。

车用蓄电池

1985 年，以色列和德国进行了将锌气电池作为蓄电池用在汽车上的实验，然而这种蓄电池的使用寿命依然有限。

环保电池

1992 年，为了避免使用有毒的铬，科学家们开始研发镍锌电池，镍锌电池更环保，因为镍和锌都是可回收而且容易回收的金属。

铁　路

蒸汽机发明，第一辆蒸汽机车上路，轨道铺设，还有什么比这一切的联系更加紧密呢？1804 年 2 月 21 日，蒸汽火车庆祝首发：理查·特里维西克造的 8 吨重的火车头拉着载有 10 吨铁和 70 位工人的矿用车厢行驶了 15 公里。

要让矿业老板、工厂主和持怀疑态度的公众相信火车这种交通工具的可靠性，从而省下高昂的马匹饲料成本——相对需要用马拉的"大众运输工具"而言，还需要很多的工艺、创造性和说服教育工作，因此，更强一轮交通工具革命的爆发还要一段时间的等待：1825 年 9 月 27 日，世界上第一趟正点出发的载人火车赢得一片欢呼，它由乔治·史蒂芬森的火车头牵引，行驶在英国城市达林顿和蒂斯河畔斯托克顿之间。

1825年英国乔治·史蒂芬森制造的旅行者号机车

1829 年 10 月 6 日，利物浦附近雨山小镇的火车头竞赛以"火箭号"的完全胜利画上句号，这个火车头同样出自史蒂芬森之手。因为这次胜利，1830 年 10 月 15 日，比赛结束不到一年以后，"火箭号"开始在第一条从利物浦到曼彻斯特的铁路上行驶。德国的火车首发是在弗兰肯，1835 年 12 月 7 日，"雄鹰号"——史蒂芬森在纽卡斯尔造——以 24 公里的时速第一次"飞过"纽伦堡到菲尔特的铁路段。第一家火车公司诞生了，投机商们嗅到了其中巨大的商业价值，"蒸汽马"造得越来越大、越来越快，铁路线像蜘蛛网一样遍布各个国家。

1863 年，美国联合太平洋和中央太平洋铁路公司之间展开了一场声势浩大的竞赛，它们的铁路分别从萨克拉门托和奥马哈出发，越过落基山和无尽的草原，于 1869 年 5 月 9 日在犹他州的普罗蒙特里丘陵处相接，最后一段枕木上的金钉成为了美国的神话。

此后，蒸汽火车头运行了一百多年之久，1972 年，德国的最后一辆蒸汽火车退役。

高速行驶

闻名遐迩的未来"轨道交通"是如 TGV（法国）、APT（英国）、新干线（日本）、LRC（加拿大）、ICE 和高速磁悬浮（德国）等名字，普通快车被高速列车、欧洲运输网的铁轨和子弹头火车所取代。笔直的铁路线上，旅客们正安然地坐在宽敞的空调车厢里上网，而窗外的风景正以平均 300 公里的时速飞过——铁路经营者是这样介绍的。"上车和到达"，标语如是说，"没有堵车，直达城市"，广告上这样承诺。到 2010 年会出现一张欧洲列车网，之后，对环境造成压力的短途飞行将成为多余。能体现 21 世纪的时代精神的是磁悬浮列车——安静、顺畅、零问题。

黄金时代

餐车、卧铺车和豪华车厢在 1850—1940 年间经历了黄金时代，火车的名字听起来都非常响亮，如"里维埃拉快车号"、"飞翔的苏格兰人号"和"东方快车号"。"东方快车号"自 1883 年起从巴黎开往布加勒斯特，稍后开到伊斯坦布尔，1930 年，第一次通过中转开抵巴格达或开罗。西伯利亚快车今天依然行驶在莫斯科和海参崴之间；1902 年的时候，9300 千米的路程（世界上最长的）需要整整 18 天的时间。

在停放列车的铁路支线上

20 世纪 30 年代，电机或柴油机驱动的火车开始代替蒸汽火车，电机火车头更快、更结实、更强大，不需要随身带着它的整个"发电厂"；能量干净，而且基本上都能顺畅地流经第三方母线或集电器，它的优势早在 19 世纪末的有轨电车、市铁和地铁中就已经显现出来。1903 年，两辆西门子三相电流驱动列车以 210 公里的时速证明了它比所有蒸汽火车都快——几十年后（1938），英国的"绿头鸭号"蒸汽火车才赶上它的速度。

重要的铁路和火车设计者

理查·特里维西克

1741—1833 年，这位采矿工程师成功发明了第一辆蒸汽机车和第一辆蒸汽火车，他被视为"火车头之父"。

乔治·史蒂芬森

1781—1848 年，1814 年这位天才化学家和成功的企业家造了他的第一个火车头，他的设计让火车成为了大众交通工具。

俄罗斯早期的
铁路运输系统

维尔纳·冯·西门子

1816—1892 年，这位 1988 年被授予贵族称号的电力技术开拓者拓宽了强电流技术的道路，制造了第一个运行良好的电机火车头。

赫尔曼·肯珀

1879—1944 年，1934 年，这位汉诺威工程师获得了电磁悬浮列车设计的专利，第一辆磁悬浮列车制造于 1971 年。

罐头盒里的快餐

第一盒罐头产生于 1804 年：为了能够持续为军队提供美食，早在 1795 年，拿破仑·波拿巴就已经投入 12000 法郎，但是直到十年后巴黎厨师弗朗索瓦·阿珀特才呈上他的罐头制作方法。

阿珀特把肉和蔬菜加热，接着用软木塞密封在玻璃或金属容器里，然而这种储藏方法一直没有得到广泛传播，直到英国人彼得·杜兰德将其在英国推广，并于 1811 年在康沃尔开了第一家罐头食品厂。工厂主布莱恩·唐金和约翰·加尔用镀锡铁皮作为罐头盒材料，在此之前也使用过沉重的铁皮。在美洲一场战争的推动下，罐头的发展取得了突破：1861 年爆发的美国内战中，战士们需要食物供给。但是在享受一罐罐头之前先需要一番艰苦的工作，因为罐头要用锤子和凿子撬开，或者放在地上用刺刀或匕首打开。1870 年，威廉·W·莱曼为他的罐头起子申请了专利，罐头盒里的快餐从此畅行无阻。1900 年，营养丰富的罐头走入美国平民家庭，也开始走入世界上每个家庭之中。期间，传统的罐头制作方法也面临着超低温冷藏箱所带来的竞争：顾客越来越多地选择冷藏食品。同时，鉴于一次性饮料罐带来的环保压力，以及饮料罐的重复利用所存在的安全隐患，灌装饮料企业也面临着很多问题。

罐头的发明者弗朗索瓦·尼古拉·阿佩尔

盐腌、晾干、烟熏

让食物能够长时间保存的方法是多种多样的: 早在公元前 3000 年，埃及人就会腌制鱼和肉了，即用盐腌或晾干。公元前 1000 年左右，人们开始普遍使用烟熏、气体密封和冷藏的方法，他们把蔬菜储存在地下室里或用冰来储藏，放在油或盐水里长期保存食物也为人所熟知。但是直到发明罐头之前，储藏方法都没有什么大的改变。20 世纪 50 年代，美国发明了冷冻干燥法，真空中的食品在非常低的温度下迅速冷冻干燥。

可保存几年

大约从 1900 年以来，制作罐头成为了人们最爱的保存蔬菜和肉类的方法。将食物装在本属于企业用的玻璃瓶里，用一个橡胶密封圈、一个玻璃盖子和一个夹子密封，然后用密封锅放在水里加热再冷却，玻璃瓶里的食物可以保持几年的新鲜。

杀死病菌的温度

长时间以来，人们一直认为，食物之所以腐烂，是因为内部死去的部分生出了有毒的微生物。1768 年，意大利生物学家拉扎罗·斯帕拉捷证明，如果把肉经过足够长时间的高温加热后立即密封起来，即使经过很长一段时间也不会再滋生有害微生物。直到近 100 年以后，路易巴斯德才成功让葡萄酒经过 45—50℃ 的缓慢加热变得可以保存，此后这种方法——巴氏消毒法——便被应用在了许多食品的生产上。

食品和饮料的包装

软木塞

1690 年，法国人唐·培里依用一块栓皮槠的树皮密封了一瓶葡萄酒，从而发明了葡萄酒和香槟酒的软木塞。

饮料罐

1935 年，美国克罗伊格啤酒厂将第一听罐装啤酒推向市场，啤酒罐的形状像个小桶，最早在里士满（弗吉尼亚州）出售。

真空包装

1950 年代，开始使用真空包装，将食品如咖啡在低压条件下用箔纸密封。

塑料包装

1970 年代，工业国家中的大多数包装都是塑料：饮料包装大量使用塑料瓶。

打字机

1808 年，培列格里诺·图利发明了打字机送给他的盲人女友做辅助工具。这是一项影响巨大的发明。尽管早期的打字机使用起来非常烦琐，许多方面都还需要改良，但是科技是不断进步的。打字机越来越多地被用于办公领域。

许多发明者开始追随着图利的脚步，致力于打字机的改进。卡尔·弗里德里希·达里斯——也是第一辆自行车的设计者——在他的机器上安装了 26 个字母的按键，律师朱塞佩·拉维扎，从 1834 年开始的 50 年间共制造了 17 台不同的试样，试样机的铅字是按圆形排列的，此外，拉维扎还是首位使用打字色带的人。19 世纪 60 年代，蒂罗尔的木工彼得·米特豪费尔在他的打字机上安装了 82 个按键以区分大小写、数字和标点符号。

欧洲设计的打字机没有达到批量生产的水平，完成这项任务的是一台美国样机。以克里斯托弗·邵尔斯为中心的一个技术小组减少了零部件的数量，制造出一台简单的打字机。因为经常使用的字母老是会卡到一起，于是键盘不再按照字母顺序排列，相关的按键便被分开了。1873 年，邵尔斯和他的同伴把专利权和版权卖给了武器和缝纫机生产商，1876 年，新的所

19 世纪 70 年代的雷明顿打字机

1868年制造的
雷明顿打字机

有者开始批量生产"雷明顿"打字机，作家马克·吐温便是它的最早的买主之一。这时的打字机存在的最大技术问题是，打字的时候不能直接看到所写的东西，需要先把滚筒转到上面。1910年，弗朗兹·克萨韦尔和赫尔曼·瓦格纳的"安德伍德"打字机有了新的突破：瓦格纳父子设计的打字机，能够马上看到打印出的字母。

电驱动

1921年，"梅赛德斯—厄勒克特拉"的设计，带来了打字机的巨大进步，用一个小电机驱动，触摸按键就可以开动铅字联动杆。

1961年，IBM的万向节打字机实现了19世纪的一个设想，用一个可以转动的球来代替铅字联动杆，通过球节的转动和倾斜来实现字母的打印，较之机械打字机，这种打字机的打字速度大大提高，1964年，IBM将带存储功能的电子打字机机型的雏形推向市场。

典型的女性工作：打字

19 世纪 80 年代出现了现代意义上的文书工作，然而起初会用打字机的人还很少，几乎所有大城市里的打字机生产商都会开设打字训练班来弥补这一不足。随着时间的推移，商业学校也开始让大家接受专门的打字和速记训练。很快，雇主们就发现了女性从业者工资低这一优势，所以打字和速记到世纪之交成为了专门的女性职业。1880 年，这个行业中女性的比例还是 40%，到 1910 年就已经上升到了 80%。

书桌前的体力训练

19 世纪时，打字是一项需要消耗相当多体力的工作。如果一个人每天敲 100000 下左右，那么他按下去的总重量就达 6 吨——每按一下需要 60 克。因此，早在 1832 年就有一位技术人员推荐"手部和手指肌肉按摩"，以及"用猪油和烧酒涂手"的方法，用以减缓疲劳。1860 年左右，人们首次尝试利用电能驱动打字机。虽然 1902 年的"布里肯斯戴费尔电动打字机"已经过了试验阶段，但是直到 19 年之后，第一台达到批量生产标准的打字机才上市。1978 年，美国公司 QYX 制造的"智能"打字机开启了打字机的电子时代，它带有存储磁盘——软盘，这为 80 年代包括电脑在内的电子办公室的出现做好了准备。

打字机的使用与改进

第一项专利

1714 年，世界上第一台打字机诞生于 1714 年 1 月 7 日，其发明者是一位英国工程师。

美国的专利

1829 年，来自底特律的威廉·波特在华盛顿获得了美国打字机的第一项专利，他发明的打字机是木制的，是为视力正常的人设计的。

铅字连动杆打字机

1833 年，来自法国马赛的泽维尔·普罗根发明了带铅字连动杆的打字机，这是第一台真正投入使用的打字机。

球形打字机

1867 年，丹麦人拉斯姆斯·马林—汉森设计了一台可以批量生产的打字机，这款"球形打字机"卖出了大约 300 台。

缝纫机

1811 年，德国织袜工人巴尔塔萨·克雷姆斯，向世人展示了他的发明——世界上第一台可以运行的缝纫机。而在此之前，人们对这类机器的研究已经有很长时间的历史了。钻研的热情来源于工业化：由于机械化纺织技术的采用，需要加工的布料比以前多了很多，所以缝纫技术需要更快地发展。

早在 1755 年，生活在英国的德国人卡尔·维森塔尔就已经发明出第一台缝纫机，紧跟其后的是 1790 年英国人托马斯·森特。克雷姆斯发明了链式缝纫机，这是一种单线缝纫机。克雷姆斯最重要的发明其实是把针鼻放在针尖，而不是针尾，只有这样，当针向下的时候才能更短距离地穿过布料。法国裁缝巴特雷米·蒂莫尼耶在之后的几年里改进了克雷姆斯的设计，1830 年，他在法国开了世界上第一家缝纫厂并进行大批量生产，因遭到非机械化生产的冲击，1831 年，这家工厂便宣告破产。1830 年，维也纳人约瑟夫·玛德斯拜格发明出了双针缝纫机，这种缝纫机用两根线来缝纫，其优点是接缝不易在短时间内松开。1846 年，美国人埃利斯·豪把第一台家庭用的双针缝纫机引入市场，1851 年，他的同乡艾萨克·梅里特·辛格让这种缝纫机有了新的突破：布料可以在针下自行来回移动。锁眼机和电机驱动的进一步发展推动了

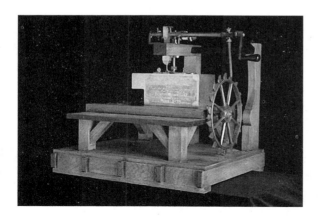

1790年英国人圣·托马斯发明的手摇缝纫机

纺织业的革命。20 世纪后期，计算机承担了机器控制的工作，人只需要监督生产质量就可以了。

针的悠久历史

在 4000 年前的旧石器时代，人们就已经会把兽皮缝起来穿在或盖在身上了。最古老的针发现于法国南部的山洞中，是用动物的骨头制成的，在后来的文明中，人类也使用过木头或象牙做的针，如巴比伦人、埃及人以及希腊人会把青铜、紫铜和铁捶打成针的形状，然后把尾部弯成一个针鼻。在很多文明中，针也通常被打造成漂亮的金银饰品别在衣服上。现在的针主要是用不锈钢制成的，依然可以用作装饰品，例如别在领带上。

1845年美国人伊莱亚斯·豪制造的缝纫机

艰难糊口

早期的缝纫女工一般从事的是家庭手工劳动，拥有一台缝纫机能让她们比那些从事手工缝制的妇女赚得更多。1856 年，专门为缝纫女工实施的分期付款体制，让每位女工都能拥有一台缝纫机成为可能，这使得缝纫工作的价格明显降低，很多妇女为了赚钱不得不每天工作 12 到 14 小时，如此一来，很多机器在还清债务之前就坏掉了，许多需要用收入购买备件和纱线的缝纫女工，陷入了严重的经济困境。此外，缝纫机的批量生产也带来了附加的竞争，很多平民家庭置办了缝纫机，这让一直在家靠缝纫赚钱的女工们丧失了很多生意，因为许多家庭妇女已经可以自己缝纫了。

计件工作之路

一个熟练的女裁缝每分钟只能缝 30 个针脚，而早期的缝纫机已经能缝 200 个。到 19 世纪中叶，纺织工业中的缝纫女工已经不再缝制整件的服装，她们只缝其中的某一部分，然后将剩下的部分交给下一个同事。大约过了 150 年后，计算机主宰了生产，许多裁剪和缝制操作

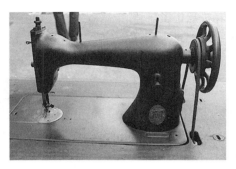

1870年代的胜家牌缝纫机

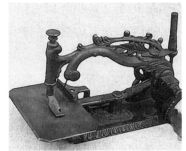

1890年中国从美国引进的第一台缝纫机

都由机器来完成，人力劳动开始慢慢退出。

著名缝纫机制造商

Singer（胜家）

1851年，来自美国的艾萨克·梅里特·辛格设计了一台用脚蹬作为传动装置的缝纫机。1858年，一款家用机型开始大批量生产。

Pfaff（百福）

1862年，工具制造者乔治·米歇尔·普法夫在凯泽斯劳滕开了一家缝纫机厂。普法夫后来成为欧洲历史中最具影响力的缝纫机制造者之一。

Bernina（贝尼娜）

1893年，卡尔·弗里德里希·史戴卡夫发明了抽丝花边缝纫机，他的贝尼娜工厂每个星期能够生产超过100台这种型号的缝纫机。

Veritas（维里达斯）

1903年，美国胜家公司用"Veritas"这个名字在勃兰登堡的维滕贝格成立了一家子公司，这家公司发展成欧洲最大的缝纫机制造商。

照相机

照相的发展需要两个不同专业领域的共同作用：成像的光学领域

和记录影像的化学领域。早在公元 900 年，阿拉伯天文学家们就已经发现了暗箱原理：即在箱体某一面上的中间部位开个小孔，箱子里有个投影面，物体透过小孔会在投影面上形成倒立的影像。

1816 年，法国人约瑟夫·尼塞福尔·尼埃普斯把针孔照相机的原理和感光化学物品的使用相结合，发明了照相机。1826 年，尼埃普斯已经能够将拍摄的照片定影，他把抛光的锡板涂上感光层，在此之前，这种所谓的涂布沥青，需要先用薰衣草油和松节油溶解，然后将图片拍摄到涂好的锡板上，经过长达 8 个小时的曝光形成正像，但是不能复制。摄影技术的一个重大进步，应归功于英国物理学家威廉·福克斯·塔尔博特：1835 年到 1841 年间，他用化学药品硝酸银和碘化钾发明了第一种底片制造方法，这种底片可以复制出任意多张的正像照片。光化学的不断发展使得曝光时间一再缩短，1872 年，英国人爱德沃德·迈布里奇成功地用 12 到 14 架照相机连续拍摄，曝光时间仅 1 ／ 6000 秒。1888 年，乔治·伊斯曼在美国用感光涂层纸胶卷，代替了当时流行的玻璃底片，并且制造出了第一台胶卷相机——柯达相机。

莱卡相机

在 20 世纪 20 年代以前，摄影基本上一直都是专业摄影师的领域。直到 1925 年，德国的精密机械工人奥斯卡·巴纳克，为莱茨公司开发出一款技术上成熟的小型照相机，从此以后，这种状况才有所改变。几乎是同一时间，胶片产生了，因为具有感光性和足够的微粒，所以能将 24×36mm 的小底片放大成清晰的纸质照片。巴纳克的"莱卡"胶卷可以拍摄 36 张照片。

卢米埃兄弟将色彩带进了电影表演

1859 年，法国人路易斯和奥古斯特·卢米埃兄弟俩在巴黎开了世界上第一家电影院，并一举成名。他们的主业是化工厂主，主要从事光化学领域，尤其是涂层玻璃底片的生产。感光面上嵌入极小的红色、

1925年的莱卡相机

19世纪的照相机

柯达方箱相机

早期的蔡斯相机

绿色以及蓝色颗粒之后，只有特定波长的光线才能透过。1903 年，通过三种不同色层的结合，卢米埃兄弟成功制造出第一块彩色玻璃幻灯片，四年后，他们演示了自己的发明："彩色摄影技术"。

未来的摄影技术

数码成像技术并不是真正意义上的发明，而是一步一步发展起来的，这是一个技术可行性而非创造性发明的问题。20 世纪 80 年代还没有处理电子存储的介质，因此一台轻便的照相机里还没法保存一张符合正常照片质量的图片。大约从 2000 年开始，市场上才出现了为数不多的几种也能满足专业摄影要求的照相机。

照相机发展过程中的进步

宝丽来相机

1947 年，美国物理学家、企业家埃尔文·H·兰德发明了第一台即时成像相机，几分钟内便可形成黑白照片。

高速成像

1950 年，美国发明的高速相机拍摄速度达到 1 千万帧／每秒。

自动闪光

1965 年，美国的霍尼韦尔公司研制出一种名为"Auto—Strobanar"的自动电子闪光灯。

微处理器

1971 年，照相机的微处理功能如胶片传送、胶片感光调节、光圈和快门调节等在日本得到进一步发展。

自行车

早在公元 1500 年，列奥纳多·达·芬奇关于两个轮子的想法就已经在纸上实现了：他在手稿中绘制了一辆可以行驶的自行车，只是这份手稿在 1965 年之后就已下落不明。那个时候没有人需要这么一辆交通工具，因为当时的道路状况实在是太糟糕了，不适合骑自行车。1817 年，卡尔斯·厄的德赖斯男爵将用两个轮子行驶的梦想变为现实。

1813 年，卡尔·弗里德里希·德赖斯向大公爵卡尔·封·巴登展示了一辆能够在大车车辙里滚动的四轮车，不过事实证明这种四轮车行驶非常困难，这也是德赖斯"改行"研究两个轮子的原因。1817 年，他向众人展示了那辆作为现代自行车鼻祖的木轮车。德赖斯的"自行车"销售非常成功，但是他的这一发明更多地被当成一种体育器械，要用在日常生活中的话还需要一些改进。1839 年，苏格兰车辆锻造工柯克帕特里克·麦克米伦采用了后轮驱动，

这可能是最早的自行车

早期的自行车与骑车人　　　　　早期的自行车

可以通过跨步提高速度绕开路人。施魏因富特的菲利浦·莫里茨和巴黎的恩斯特·舍尔在车上安装上了脚蹬和踏板，使其成为了脚蹬车。1870 年才出现的链条和轴承让行驶更加轻便，钢丝车辐和实心橡胶轮胎让自行车更加经久耐用。

坐在自行车巨大的前轮座位上很容易摔下去。1877 年出现了一种安全性能良好的比较矮小的自行车，从而解决了这一弊端。

德莱斯1817年
设计的自行车

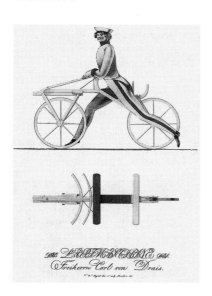

女性整装待发

1890 年 7 月 13 日的莱比锡女子自行车比赛上没有奖牌，它的奖品是为庄重的女性形象而打造的：带有胸针的黑丝围裙、书桌和镇纸。大多数男人认为这样的比赛是纯男性比赛。继 1895 年在伦敦举行的一场为期六天的妇女比赛之后，1898 年在柏林举办的首届国际女子自行车赛上，德国的女自行车运动员开始与国际接轨，选手的服装也由蓬蓬的罩衫、裤裙换成了紧身的比赛服。紧身胸衣改革再见：作为一种潮流，自行车上的解放不断向前发展，1900 年德国自行车协会取消了所有的妇女自行车比赛，但是这一发展却并没有因此停止，即使这一禁令直到 1967 年才取消。

不同寻常的钻研者

巴登州的林务官卡尔·弗里德里希·德赖斯·封·绍尔布隆的自行车发明之路并不轻松，伙伴们都嘲笑他，他的自行车在国外迅速流行开来的时候，他在自己的家乡却依然被看作古怪的人。此外，这位不同寻常的人还发明了其他一些东西：打字机、灶具、绞肉机，以及双面镜子。他把所有的积蓄都花在了自己的各种想法和研究上，直到最后失去侍从官的头衔和林务官的职位。德赖斯最终在贫困潦倒中死去：他所有的遗物只值 30 古尔登，其中的自行车估价 3 个古尔登。

高科技自行车

今天的高科技自行车赛车和古老的自行车几乎已经没有什么相似之处了：从 80 年代末起，用铝或钛制成的框架越来越轻便，同时又不失坚固。为了减小摩擦，跑得更快，设计者们把外胎做得越来越细，因为车把的设计参考了气体力学，空气阻力也减小了。自行车发展到了计时赛专用自行车阶段，车上装有一个"三项全能赛车把"，即使长时间骑也能保证完美的驾驶位置，此外这种自行车没有车辐，取而代之的是一个包上的大圆盘。

自行车发展的重要阶段

"米修车"

1861 年，欧内斯特·米修制作了带脚踏曲柄、大前轮和小后轮的自行车。1876 年这辆自行车在巴黎世博会上展出。

高轮自行车

1869 年，自行车热流行起来，能够展示赛车手灵巧性的高轮自行车开始流行。由于这种自行车有摔伤的危险，所以这种潮流很快就过去了。

链条驱动及充气轮胎

1885、1888 年，约翰·坎普·斯塔利发明了带链条的自行车，这也是今天自行车的雏形。1888 年约翰·博伊德·邓洛普发明了充气轮胎，自行车的驾驶更加舒适。

飞轮轮毂

1903 年，恩斯特·萨科斯为第一届环法自行车赛发明了飞轮轮毂。

用手指读书

今天，布莱尔文几乎已经和盲文等同，但是法国盲人教师路易斯·布莱尔却不是第一个致力于"发音法"或"夜用文字"的人：1821 年，查尔斯·巴比埃设计了第一种独立的盲文，但是经过实验，布莱尔的文字更简单。

人类的视觉中枢每平方毫米有 140000 个受体，而触摸盲文的指尖上各个神经末梢之间的距离为 1.2 毫米，这些数据表明：用指尖逐个触摸字母的突起和用眼睛读一个完整的词相比，其费力程度是可想而知的。1651 年，纽伦堡人格奥尔格·菲利普第一次尝试让盲人用石笔在黑板上写字母。25 年后，日内瓦的雅格布·伯努利让他的盲人女学生伊丽莎白·瓦尔德基尔希触摸刻在木板上的字，4 年以后，瓦尔德基尔希就可以用多种语言写信了。然而这还算不上是盲文，盲人还跟以前一样被排斥在文学的世界之外。

1762 年，梅兰妮·德·萨利尼亚克有了一个想法，用针把字母刺到纸上以便触摸，查尔斯·巴比埃继续贯彻了这个想法：他于 1821 年设计了一种以不同方式排列的凸起为基础的文字（凸点），不过他的文字最初并不是给盲人用的，而是作为军事秘密文字设计的。12 岁的时候，路易斯·布莱尔认识了巴比埃的文字，在之后的三年中他便一直致力于开发一种独立的、更加易学和易读的文字：布莱尔不再跟巴比埃一样用 12 个凸点，而是只用 6 个，这 6 个凸点有 63 种组合的可能性。

布莱尔文的发明者

3 岁的时候，路易斯·布莱尔玩父亲的制革刀刺伤了眼睛，于是这个在自然科学和音乐方面有极高天赋的男孩子进入了巴黎皇家盲人学校，在那里学习借助符号读书。13 岁的时候，他的管风琴演奏和大提琴演奏就已经很出名，并且开始做盲人教师，16 岁时，布莱尔设计了自己的盲文，用这种盲文不仅能读字母、而且还能触摸缩略词。但是直到 1854 年——布莱尔去世两年之后——布莱尔文才被官方承认。100 年以后，布莱尔的遗骨被迁入巴黎的伟人祠。

盲文单手识读

第一本盲人书

1786 年，也就是梅兰妮·德·萨利尼亚克将字母刺到纸上的想法产生 24 年之后，巴黎皇家盲人学校为盲人青少年出版了第一本使用凸起文字的书——盲人教育入门。1827 年的语法导读是第一本用布莱尔文写成的书，十年之后又出版了三卷本的盲文版法国史。盲文版圣经也于 1838—1840 年间在格拉斯哥问世，分 19 卷出版，共发行 200 余套。

很长时间以来，盲人文学爱好者一直找不到盲文读物。1869 年，查尔斯·狄更斯的《老古玩店》的盲文版终于在波士顿出版，不过出版费用的大部分是由作家自己垫付的。

布莱尔文的重要推广步伐

引入德国

1876 年，第二届德国盲人大会公开承认了布莱尔文，不过这种 6 凸点文字在德国早就已经开始使用了。

布莱尔缩略词的改革

1973 年，人们对盲文缩写规则进行了简化，同时缩略词的数量也增加了 50%。

盲文在世界范围内的应用

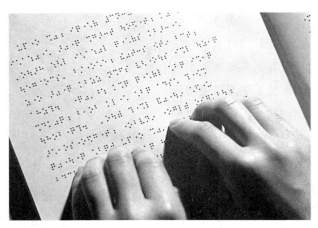

盲文双手识读

盲文邮票

　　1990年，华盛顿目录将世界上的盲文系统汇集到一起——这样盲人之间的交流就能实现全球化了。

带盲文的钱币

　　2002年，随着欧元的采用，所有欧元国家的钱币上都印上了盲文。

极地探险

　　从得知我们的星球是一个圆球而不是一个圆盘起，人们就开始思考世界的最南端和最北端是什么样子了。1831年，苏格兰人詹姆斯·克拉克·罗斯为我们提供了第一个答案，他是第一个到达北极的人，这是人类征服北极的重要一步。

　　在靠近北极圈的北纬70.85°西经96.77°的地方，罗斯的罗盘针精确地指向南方——令人吃惊的是，这个地方距离还未曾有人到达过的地理上的北极仅3300米远。早在公元9世纪，诺曼航海家和商人奥塔在寻找安全的航路和商路的时候，就已经绕北角航行过了。在之后的几个世纪中，研究者越来越接近北极，尤其引人注意的是他们寻找西北和东北航线的过程。直到17世纪，人们才相信传说中的不结冰的阿尼安海峡的存在，但是，虽历尽艰辛，人们却一直没有找到它。

北极的"征服者"

1909 年，罗伯特·E·培利在北极升起了美国国旗。1895 年，挪威人弗里德约夫·南森到达了距北极 420 公里的地方。1901 年，意大利人温贝托·卡尼走得更远。

在培利的先驱行动之后不久，他的同乡弗雷德里克·库克就宣称自己一年以前已经到过地球最北端。经过长时间的调查之后，伦敦皇家地理协会最终宣布，培利为北极的第一个征服者。

1610 年，哈得孙驾驶半月号抵达哈得孙河附近。

不适于人类居住的地区

北极静卧在冰封的极地海洋之下，南极则位于同样是冰封的南极洲大陆。南极洲被视为地球上不适于人类居住的地区，尽管如此，许多国际站却仍以此作为研究冰川和世界气候的基地。人们最感兴趣的是南极的地下资源，因为它的煤炭、石油、铜和铁储量巨大，同时南极洲还有另外一个"宝藏"：它的冰川中储备着世界上 90% 的淡水。

奔向南极的艰苦赛跑

当英国人罗伯特·F·斯科特正打算为英国皇室征服南极的时候，他得到一个消息，挪威人罗尔德·阿蒙森已经在去南极的路上。阿蒙森有更好的装备，他拉雪橇的狗比斯科特拉车的小马抵抗力更强，而且阿蒙森选择了一条虽未勘探过却更简单的路线，而斯科特却要与暴风雪作斗争。1911 年 12 月 14 日，阿蒙森到达了南极，比死在返程途中的斯科特早了一个月。

英国探险家亨利·哈得孙

北极地区重要航线的发现

哈得孙湾

1609—1611 年，英国人亨利·哈得孙从美国的东海岸向北航行，横穿了拉布拉多海，到达后来以他的名字命名的海湾。

白令海峡

1728 年，丹麦人维图斯·白令从西伯利亚向美洲航行，不过早在 1648 年俄国人西蒙·伊万舍维奇·德什纽就已经行驶过这条被命名为白令海峡的海峡了。

西北航线

1850—1853 年，英国极地研究者罗伯特·麦克卢尔自西向东开辟了西北航线，1903—1906 年，阿蒙森自东向西驶过这条极地航线。

东北航线

1878—1879 年，来自瑞典的极地研究者阿道夫·埃里克·封·诺登舍尔德发现了大西洋和太平洋之间沿欧亚大陆的航线。

柯尔特式左轮手枪

"亚伯拉罕·林肯让所有人获得自由，塞缪尔·柯尔特让他们获得了平等"，19 世纪 60 年代末的美国独立战争之后有条广告语如是说。柯尔特于 1835 年发明的左轮手枪至今仍然闻名于世，一些美国历史学家评价他的发明具有划时代意义。

1836 年，柯尔特在美国申请的专利是："带有能装六到七发子弹的可旋转圆柱火药兵器。"以前的手枪只能装一到两发子弹，柯尔特的第一把左轮手枪在不用续子弹的情况下大大提高了火力，这款手枪为它的发明者及其后人带来了无忧的生活，因为不久之后柯尔特就在哈特福德成立了一家武器工厂，这家工厂在接下来的一个半世纪中生产了 3000 万支手枪、左轮和步枪。不过起初谁也没有料到会有如此成就，因为柯尔特的左轮手枪最初并未取得成功，恪守传统的美国防卫部队后来才慢慢接受了这种新式武器，大宗的贸易直到 1846 年才开始出现。当时的美国军队在墨西哥战争中投入了 1000 支以"沃克"命名的柯尔特左轮手枪。

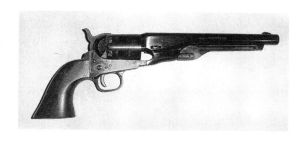

柯尔特M1860
单动式转轮手
枪

柯尔特虽然不断地改变着美国的生活，尤其是在 19 世纪的"西部荒野"，但是它却并非第一款自动手枪。早在 1718 年，伦敦律师詹姆斯·派克就获得了一种机关枪的专利。在 1722 年的演示中，这种枪 7 分钟内能连续射出 63 发子弹。美国内战中使用了理查德·J·加特林于 1862 年发明的机关枪，这种枪最多有十个弹道，通过手摇柄依次摇到射击位置，子弹依靠重力进入枪膛。

改良的装弹技术

14 世纪时，第一款手枪就已经在西欧发明出来了，像当时的前膛炮一样都属于前膛枪，也就是说，在射击过程中，必须不断地用推弹杆把火药和弹头从弹道口推进去，这意味着，在实际应用中这种枪每分钟最多只能发射两到三次。

在接下来的几个世纪中，这种复杂的、效率低下的装弹方法没有什么根本上的改变，虽然不断有人尝试后膛枪的制造，却没有找到一种足够坚硬能够承受武器射击时的爆破力的金属。1836 年，也就是柯尔特的左轮手枪面世一年以后，德国人约翰·尼克劳斯·封·德莱赛首次成功制造出了后膛枪。

热爱武器的民族

柯尔特手枪在美国取得成功并非偶然：从手枪到左轮手枪再到每一种武器，轻武器在其它任何一个国家都不可能达到像在美国这样高

柯尔特左轮手枪

由雷明顿兰德公司生产的M1911A1.45 ACP口径手枪，后来成为美国陆军的制式军用反冲后座操作半自动手枪。

的地位。只有在它的帮助下，白人拓荒者才能在印第安人占优势的地区实施他们的拓荒计划。直到今天，在美国拥有私人枪支依然被很多人视为是基本生活权利的保障，不过人们对武器商的批判之声也与日俱增。在美国，每天都有儿童和青少年死在枪口之下，每年都有数千名儿童会因此受伤。

名字的赋予者

1814年7月19日，柯尔特手枪的发明者出生在康涅狄格州的哈特福德，他是一个工厂主的儿子。17岁的时候，他就已经开始设计手枪和步枪。作为一名内行人，他坚信自己1835年发明的左轮手枪的价值。他的叔叔，当地的一名商人，帮助他成立了武器工厂，这家工厂到1836年就已经制造出了三种不同的左轮手枪和两种步枪。尽管他的产品在技术上已经成熟，但是公司成立不久却很快就倒闭了。直到美国军队开始为士兵配备柯尔特步枪，他的公司才起死回生。1862年，柯尔特去世，身后留下了一家兴隆的企业。

"西部荒野"的著名左轮手枪英雄

西域枪神比尔·希科克

1876年，这位堪萨斯州阿比林的神枪手8枪杀死了7个人，1876年，这位女性心中的英雄在牌桌上被人从背后射杀。

比利小子

1881 年，他所谓左轮英雄的名声被夸大了：亨利·迈卡蒂，又名比利小子，他为了给死去的朋友报仇，用 16 枪打死了 4 个人。

何立德医生

1887 年，这位来自亚特兰大的医生成为西部的赌徒和杀手，他与他的朋友怀亚特·厄普一起与带枪的牛仔战斗。

怀亚特·厄普

1929 年，他因为在厄普兄弟与克兰顿—麦克劳里组合的决斗中幸存而闻名，厄普一生中只做了五年的西部英雄。

信封上的有价票据

在邮递马车时代，收到信件的人必须现金支付每一封信的邮资。19 世纪 30 年代，奥地利和大不列颠的人们产生了一个想法，即采用与现金支付等值的小纸票。从 1840 年开始，第一张今天意义上的邮票在英吉利岛上开始使用，从此之后，信件开始由寄信人付款。

1835 年，奥地利维也纳的一位财政官员给皇家邮政管理处提了一个革命性的建议：取消现金邮资预付，改为一种随时可用的可以粘贴的资费印章。为了荣誉，在管理处的授意下，属下官员在美丽的多瑙河畔发明了邮票——因为泰晤士河畔的人们速度更快。1837 年，泰晤士河畔的罗兰·希将他的邮政改革建议呈递了上去，邮政委员会很快就接受了他的合理化建议，即国内邮递统一施行一便士邮资，同样受到肯定的是希尔附带提到的另一个建议，即把"足够盖上邮戳那么大的一张小纸片用胶水贴到信封背面"，这就是后来的广为人知的邮票。三年后的 1840 年，第一批 "黑便士" 邮票便发行了，邮票以年轻的维多利亚女王肖像作为装饰。

小邮票们大踏步地"走向未来"：许多国家纷纷效仿英国，其中

1851年的美国无齿邮票

倒置的珍妮，俗称"倒头飞机"。在2006年，一张"倒置的珍妮"大约价值50万美元。

好望角的三角邮票——世界第一枚异形邮票

黑便士邮票

脚步最快的是巴西和瑞士的苏黎世、日内瓦。19世纪40年代中期，美国、比利时、法国和毛里求斯也有了自己的邮票。德国最早拥有邮票的是巴伐利亚，一年以后萨克森和普鲁士也开始效仿。

显著的影响

为增加国家财政收入，纪念邮票开始在世界范围内发行。彩色邮票图案几乎也一直是国家自我宣传的工具，不管是纪念日、自然保护、展览、社会规划还是体育盛事，都可以成为主题。一种好的国家发行的收藏品反映的是文化和历史。德国人素来做事严谨，从1954年起，一个艺术咨询委员会开始关心纪念邮票的造型。

让人趋之若鹜的收集对象

一张邮票仅靠年份长短不足以出名：必须得稀有！最稀有的一张邮票是"蓝色毛里求斯"，一个半盲的钟表匠，岛上唯一一位铜板雕刻家制作了该邮票印版，1847年印了500张，只有12张2便士的邮票保留了下来，1993年成交的其中的一枚价值高达115万瑞士法郎。

价值较低且不太有名但却同样为集邮爱好者所追捧的是"无头女王"，一张1962年英国印刷的错票。印刷中的错误是收集者的喜讯，同样的错票还有1918年印刷的24美分的美国航空邮票"倒头飞机"。

邮票发展的几个主要历史阶段
锯齿邮票

1850年，英国人亨利·阿彻发明了第一台给邮票打齿孔的机器。

纪念邮票

1871 年，秘鲁邮局在利马和卡亚俄之间的铁路线通车 20 周年纪念日之际，发行了世界上第一套纪念邮票。

发荧光的邮票

1962 年，发荧光的邮票问世。邮票造假的历史几乎不比邮票的历史短，用荧光面印刷邮票增加了造假的难度。

自动售票机里的邮票

1976 年，自动邮票机首先出现在瑞士，在投入钱和选择好面值之后，空白邮票卷纸会打印出相应面值的邮票。

海上的奢华酒店

19 世纪，年轻时的法国作家儒勒·凡尔纳经历了早期的乘游船旅行，他的小说里则预言了未来的游船——"漂游的度假岛"，它作为人造天堂载着上千名游客渡过大洋。今天这种豪华的游艇已经不再是幻想：在船上享受生活已经成为一种时尚。

早在 1844 年，具有传奇色彩的铁行轮船公司——后来的半岛东方轮船公司，缩写为 P&O——就已经邀请了第一批游客乘船旅行。19 世纪的游轮乘客大多并非以奢华旅游为目的的游客，而是移民。1862 年，托马斯·库克旅行社推出了第一次环球豪华游。五年以后，费城开通了欧洲与美国之间的交通。1890 年左右，到挪威峡湾的游船开通。20 世纪之交，欧洲的航海国家竞相争夺拥有最舒适快捷游船的美名。直到两次世界大战爆发，这种海上的奢华旅行才被中断。载客海运的转折点发生于 1958 年，乘飞机渡过大西洋的旅客第一次多过乘船的旅客。后来，里德公司开设了游船班轮。1970 年，第一条仅用于旅游的船"挪威之歌号"在加勒比海下水，此间每年有上千万游客乘船度假。乘船游的销售额主要集中在少数几家提供 1000 马克游船游的公司手上，若想在"伊利莎白二世号"的豪华舱里做环球旅行，则要花费 250000 马克。

在梦想的游船上休养

过去人们乘船远行的原因主要是对陌生地的向往，而今天人们更看重的则是游船上奢华的生活所带来的乐趣，尤其是加勒比海上。从20世纪90年代中期起，很多游客开始在意船上所提供的体育项目：排球场、网球场、足球场或者潜水课程，当然也包括专业教练，桑拿和游泳早就成为船上的标准配备。游船商业中最成功的模式为：健康＋舒心＝快乐（Fitness+Wellness=Happiness）。厨房同样是最好的：只要想，谁都可以享受无脂肪、低胆固醇的饮食，只是没有人会放弃船上豪华的盛宴。

"泰坦尼克号"的沉没

英国游轮"泰坦尼克号"在纽芬兰海滩附近撞上冰山的时候离午夜还有20分钟，过了不到3个小时，1912年4月14日凌晨，这艘豪华游轮便沉没了，1503人遇难，仅703人获救。这艘世纪之交的远洋游轮是轮船大型化倾向的产物，而他们却为这种倾向赔上了自己的性命。船的大小和奢侈是一个关系到民族声誉的问题，尤其是在德国与英国。"泰坦尼克号"一等舱的席位扩展到了730个，所以1200位乘客不得不挤在普通舱里。安全性同样也降低了，因为船上只有970艘救生艇。

泰坦尼克号于1912年4月10日从英国英格兰南部港口城市南安普顿出发，开往美国纽约

泰坦尼克号的沉没（德国画家Willy Stöwer绘）

逝去的美丽

与如今的最大总吨位可达 100000 吨的游轮相比，过去的大多数轮船都显得非常小，如"泰坦尼克号"的总吨位还不到 50000 吨。不过如今的这些船却谈不上美观，有棱角的设计让轮船丧失了美丽的外形，游客们要想观看海景和风景优美的海港，就得透过观景窗，而不是舷窗，客舱的露台通常也就是一个封闭起来的小房间，就像我们在拉斯维加斯常常见到的那种饭店、大堂、酒吧和小商店的设计风格。

豪华游轮的主要发展阶段

"大将军号"服役

1913 年，德国的豪华游轮"大将军号"载着 4594 名乘客横渡大西洋。1919 年，这艘船开始服役于美国，改名为"贝伦加利亚号"。

最快的豪华游轮

1952 年，美国"美利坚合众国号"以迄今为止不可超越的速度渡过大西洋：只用了 3 天 10 小时 40 分钟。

"法兰西号"的处女行

1962 年，"法兰西号"被许多人看作是优美的大西洋游轮的最后经典，1980 年，这艘船成为加勒比海游轮，并更名为"挪威号"。

新纪元的开始

1988 年，载客 2276 人的"皇家加勒比号"下水，这是当时世界上最大的游轮，仅大厅就有 5 层楼高。

麻醉术

1846 年 10 月 16 日，约翰·瓦伦在波士顿为病人实施第一次无痛外科手术的时候说："我的先生，这并非骗术。"这是因为，牙科医生威廉·莫顿做手术之前已经用乙醚为病人实施了麻醉。因为人们对麻醉的副作用了解不够，所以时常会引发意外，尽管如此，这种新的方法还是很快传播开来。乙醚麻醉在医药史上是一个里程碑。

自古以来，医生们一直在寻找减轻手术疼痛的方法。为了不让病人在手术过程中因为疼痛而休克，速度是对每一个外科医生的最高要求。中世纪早期，医生会让病人在鼻子上捂一块用鸦片、天仙子和曼德拉草浸泡过的海绵，也会用酒精、大麻、冷、热为病人麻醉，此外还会采用扎紧四肢的方法实施麻醉。继梅斯梅尔之后，大家开始试验催眠术和磁疗法，但是直到使用了乙醚麻醉之后，无痛手术才得以实现，它也使长时间的复杂手术成为可能。1844年，威廉·莫顿看到他的朋友霍勒斯·威尔士用笑气麻醉后为病人拔牙，因而受到启发，并开始实验新的麻醉方法。他跟化学家查尔斯·杰克逊一起发现了硫醚中含有合适的麻醉成分。1846年10月，一位年轻的病人在波士顿医院坐满观众的阶梯教室里接受了无痛切除手术，这场演示结束三个星期之后，乙醚麻醉实现了突破。同年年底，英国白内障医生罗伯特·里斯顿采用了乙醚麻醉方法。麻醉术的问世使外科手术有了巨大的进步。

让人入梦的物质

乙醚和氯仿是第一种比较成功的能保证无痛手术的麻醉剂。但是因为人们还未真正了解它们的作用方式，所以有时会发生意外，这种意外甚至是致命的。这促使科学家们致力于研究出更好的麻醉药品。美国北部的人们偏爱用乙醚，南部则喜欢用氯仿。

可卡因是第一种成功用于局部麻醉的物质：1884年，卡尔科勒做了一个眼科手术，期间他用可卡因溶液来麻醉视网膜。不过那时的医生们还不知道可卡因会让人上瘾。

乙醚麻醉的开路者

美国牙科医生威廉·莫顿起初在巴尔的摩行医，后来到了波士顿，在那儿，他跟化学家查尔斯·杰克逊一起研究用硫醚麻醉，让病人在手术中没有痛苦。1846年，莫顿第一次用乙醚麻醉为病人拔牙，不久之后，在莫顿的麻醉方法的辅助下，约翰·瓦伦成功实施了一次划时代的手术。这种成功的麻醉方法引发了杰克逊和莫顿之间持续多年的专利权争夺战。1868 年，贫病交加的莫顿在纽约死于脑溢血，终年 48 岁。

既要尽可能满足需要，又要尽可能少

1847 年，美国解剖学教授奥利弗·霍姆斯引入了"麻醉"一词来代指麻木状态，这个词很快在世界范围内流行起来。各种麻醉药物和麻醉方法的效果都在紧张研究中，期间已经可以针对病人和病症调节麻醉程度，使用尽可能小的剂量，以尽可能减少病人身体所承受的负担。做较小的手术时，麻醉师还会尝试互补的方法，如催眠和针灸，以减少或避免化学药剂的使用。对于那些需要做大手术的病人，医生也越来越多地使用天然镇静药物，如缬草。

威廉·T·G·莫顿 (1819年8月8日－1868年7月15日)，美国牙科医生，现代麻醉学创始人之一。

早期麻醉术的重要进步

笑气 [1]

1799 年，英国发明家、化学家汉弗莱·戴维爵士成功证明笑气可以用做麻醉。

氯仿

1832 年左右，塞缪尔·格思里和尤斯图斯·冯·李比希分别发现了氯仿的麻醉作用，此后的很长一段时间里，它一直是一种重要的麻醉药物。

传导麻醉

1885 年，威廉姆·哈尔斯蒂德成功实施了首次传导麻醉，他将可卡因溶液有针对性地注射到一条神经上用来麻醉整片神经区域。

腰椎麻醉

1898 年，德国外科医生奥古斯特·比尔把可卡因注射到一位病人的脊髓里，之后身体的穿刺部位便没有了知觉。

---

[1] 一氧化二氮（Nitrous Oxide）。——译注

裤中之王

显然，在牛仔裤发明之前，人们也没有穿着衬裤到处乱跑，然而之前穿在腿上的仅仅是一套西装的下半部分或松散的、不成形的裤子。1850 年，加利福尼亚州的采金者第一次套上了被后人狂热追捧的靛蓝色牛仔布裤子。

"Jeans"这个单词源出于热那亚，它是当地人对法语"Gênes"的翻译，用来指意大利水手穿的主要用法国的布料做成的裤子。德国移民勒布·斯特劳斯设计的裤子是牛仔裤的先驱，他在美洲新大陆也被称作李维·斯特劳斯。1850 年起，斯特劳斯牛仔在加利福尼亚的采金者中迅速流行，这种裤子在设计上主要是针对那些从事艰苦劳动的人，实践也证明，牛仔裤非常结实，并且穿在身上也非常舒适。1873 年，带有铜铆钉的牛仔裤开始了它的征服世界之旅，它逐渐成为自由、冒险和美国梦的象征。1960 年代，牛仔裤也成为了持不同政见者与资产阶级的父辈们，在意识形态冲突中用以表达自我的一种统一的着装方式。

李维·斯特劳斯牛仔裤加工厂

牛仔裤风尚成为生活方式

自 70 年代起，牛仔裤的裁剪方式也开始改变，牛仔裤变成了一种时尚新潮和生活方式的象征。曾经流行过和正在流行的牛仔裤中，既有"垮掉的一代"时期的直筒裤，也有迷幻 70 年代的蜡防印花或带印度风格装饰的低腰裤，还有 80 年代的朋克们穿的只用安全别针别住必要部分的撕裂并染上污渍的乞丐裤。

在牛仔裤的理念中，除了这些主

要潮流，它还是一种消费模式。它们都集中在"休闲装"的名下，根据不同的品牌和设计灵感来命名，如萝卜裤、紧身裤、低腰裤、筒裤、水洗磨白牛仔裤等。蓝色是牛仔裤最常见的颜色，不过有时也会见到其他一些时尚颜色。

牛仔裤

成功的移民

1847 年，德国的勒布·斯特劳斯——后来的李维·斯特劳斯——坐船去纽约，在那里和他的兄弟路易开了一家服装公司。50 年代初，李维·斯特劳斯听说了加利福尼亚的淘金热，之后他便移居到旧金山。由他设计创新的牛仔裤不久就成为了畅销品。1873 年，他和裁缝雅各布·戴维斯一起申请了淘金者专用铆钉裤专利，这种在世界范围内的垄断特权，保证了该公司在 1908 年专利权到期之前的稳定收入来源。李维·斯特劳斯于 1902 年去世，他的财产总计达 1500 万美金。

不为社会所接受

1929 年世界经济危机后，穿牛仔裤的不再限于工人，更多的城市人也穿上了牛仔裤。牛仔裤开始在好莱坞电影作品中流行，像约翰·维恩，马龙·白兰度，詹姆斯·迪恩等影星也都穿上了牛仔裤。但是牛仔裤并没有得到社会的普遍认可，20 世纪 50 年代，学校还不允许学生穿牛仔裤上学。

著名国际牛仔裤品牌介绍

李

1889 年，亨利·李在萨琳纳（堪萨斯）成立牛仔公司，1915 年，他在堪萨斯州开了一家生产裤子、工装裤、工装夹克的工厂。

威　格

1947 年，威格牛仔裤开始进入市场，它的第一款牛仔裤被命名为

牛仔裤的发明者李维·斯特劳斯

"13MWZ"。

野　马

1949 年，二战后，美国士兵将牛仔裤带到欧洲。德国最早的牛仔是以"野马"这个品牌名称在市场上销售的。

迪　赛

1949 年，迪赛公司的建立者是意大利的伦佐·罗索。借助于独特的广告宣传，该生产商设计的牛仔裤成为驰名世界的品牌。

拉链的发明

早在 1851 年，缝纫机的构想人之一，美国人埃利斯·豪就为"一种自动的连续不断的衣服锁"申请了专利。它由"一系列的齿和一个可滑动的钩子"组成，但是这种衣服上的拉锁并未应用到实践中，因为仍然有大量的技术上的问题等待解决。

又过了 42 年，来自芝加哥的机械工程师威特康·朱迪森重新发明了一种拉链，并把它用作繁琐的鞋带的替代品。他的拉链由一排钩子和一排扣眼儿组成，另外还有一个滑动装置使钩子和扣眼儿嵌合。不过这项发明也有一个麻烦：拉链经常自己松开或卡住。1902 年，美国沃克通用纽扣公司推出了改良版的拉链，但却没有出现预期的大卖。作为欧洲第一家生产拉锁的公司，巴黎的美资法国拉链公司同样经营惨淡。

20 世纪初，流亡美国的瑞典人吉迪恩·森贝克在做了多年前期工作之后，终于又对拉锁做了改进。他用齿代替了钩子和扣眼，用一个活动装置使齿啮合。1913 年，他为技术上已完全成熟并能正常使用的拉锁申请了专利。在这之前，森贝克还发明了一种用来压齿并将齿扣在布条上的机器。不过，直到 1917 年拉锁大量使用在美国军队制服上，它才算取得了商业上的成功。从此以后，皮革和运动服一直青睐于使用这种新的拉锁。

时 尚

1912 年，拉锁生产又获得了新的动力。美国拉克泰公司每周要给烟草袋缝上 7000 个拉锁，古德里奇公司开始给胶鞋配备拉锁。1930 年，拉锁的加工数量为两千万，只是还没有用到高级时装的设计中。1935 年，在别人惊异的眼光中，意大利裔服装设计师伊尔莎·斯奇培尔莉使用了拉锁。从此以后，拉锁成为决定女裙和男裤形象的重要因素。

士兵们的最佳选择

1913 年，拉锁的生产技术日趋成熟，然而时尚界对此却毫无兴趣。很多年后，美国军队的钱袋、飞行服以及泳衣上面使用了大量的拉锁，有了它，飞行服不仅穿脱迅速，而且也更轻便。海军试验潜水服时，只有拉锁通过了所有的测试。随着一战的结束，军队对拉锁的需求量突然降低了。

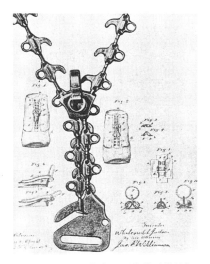

1893年芝加哥世博会上展出的"拉链"

"拉链"发明者威特康·贾德森

时代变迁中的衣服搭扣

石器时代，人们对衣服的首要要求是能够相互连接起来以便御寒，鱼刺，兽骨和兽角可以担此重任。

罗马帝国时代，安全别针就已经很常见，只是后来被人们遗忘了。此外，罗马人也用过搭环套扣的方式。

19 世纪，随着工业化的发展，弹簧锁被广泛应用于工作靴，可是它的发明者至今仍不为人知。

1956 年，瑞士发明家乔治·德·梅斯特拉尔申请了尼龙搭扣的专利，每平方厘米需要大约 50 个小尼龙钩和搭环。

不断革新的世界博览会

今天我们所熟知的世界博览会始于 1851 年，那一年来自 28 个国家的代表齐聚在英国首都伦敦的展会上。其实，早在 2300 多年前，举办世界博览会的想法就已经有了，大约公元前 500 年，波斯国王薛西斯就曾邀请"来自五湖四海"的人们前往波斯参加第一次"世界博览会"。

19 世纪的工业化使得国际技术创新交流和世界市场的探查成为一种需要，因此展会论坛的最初设想源自英国这也并非偶然。大不列颠工业化的进程要远远领先于世界上的其他国家。推动首次世界博览会举办的不仅是技术和贸易，还有帝国主义的时代精神。殖民者不以占有殖民地为满足，而且还想在展会上炫耀它们拥有的异国风味的产品。1851 年，伦敦世界博览会在海德公园举行，虽然只有一个展厅，但这依然是一件世界盛事：该展会展出了 14000 件陈列品，吸引了 600 万的参观者。它的成功让后来者纷纷仿效：两年后，美国纽约举办了"世界博览会"，这次展会不再是简单的抄袭，更像是 1851 年伦敦水晶宫的精美副本。继 1855 年在法国巴黎举办展览会后，其他国家也尝试从世界展览会中获利，仅 1888 年就举办了四场展览会，其中有两场在澳大利亚。早期的展览会在人文、文化和政治领域对促进各民族之间的相互理解作出了重要贡献。1878 年的巴黎世界展览会上举行了 30 场国际会议，大会议题中包括世界邮政联盟、全球货币统一、卫生保健事业和电报等。运动会也获得了一席之地：1900 年和 1904 年，奥林匹克运动会在世界博览会的框架下举办。20 世纪末，人们开始越来越多地关注耗资巨大的展会的作用。

1851年伦敦世博会

不仅仅是一个工业展会

虽然官方名称是"万国工业博览会"，但是 1851 年的第一届世博会已经与纯粹的工业展会完全不同。它向参观者展示了世界文化和民族的多样性，暗示在遥远的未来会有类似这样统一的世界文化，届时需要为此制定有效的标准。巴黎的世博会将重点放到了国际艺术展上。除此之外，展会上居于中心地位的还有殖民地的农产品。而美国举办的展会主题几乎都是纯粹的工业品展览。近年来的世博会的中心主题是全球化，如里斯本博览会的主题是"世界海洋生存空间"，2005 年日本爱知博览会的主题是"自然的智慧"。

世博会著名标志性建筑

1851 年，伦敦世博会上的水晶宫建筑给了大家一个信号，后来的几个举办者也相继推出了建筑史上独一无二的建筑作品。1889 年举办的巴黎世博会上，瑞士建筑设计师莫里斯·克什兰设计的埃菲尔铁塔和 F·杜特设计的机器宫广受瞩目。1925 年巴黎世博会期间，同样是在世博会的框架下，诞生了几座在建筑艺术上可谓无与伦比的商场建筑群，其中包括"老佛爷百货公司"和"波玛舍百货公司"。1958 年建成的布鲁塞尔的原子球，也是最著名的世博会标志性建筑之一，高

1851年伦敦世博会纪念章

110 米，其形状是一个放大了 1500 亿倍的铁原子。

著名世博会及其特点

费城世博会

1876 年，费城世博会举办，这次以工业和矿业为主的展会是为庆祝美国独立 100 周年举办的，会上的新鲜事物是照相机和电话。

芝加哥世博会

1933—1934 年，芝加哥试图用这场博览会来应对巨大的经济危机，其中具有历史性意义的是世界宗教大会。

1851年英国伦敦世博会举办场地水晶宫

1900年巴黎世博会中国馆版画

莫奈为1878年巴黎世界博览会的盛况
所作的油画——巴黎蒙特戈依街道：
1878年6月30日节日

大阪世博会

1970 年，日本举办了亚洲第一场世界博览会，除了高科技外，该博览会还展出了生长在所有气候带的植物。

塞维利亚世博会

1992 年，塞维利亚世博会举办，有 4000 多万人前去观摩令人印象深刻的展馆建筑。虚拟现实成为这个西班牙城市里的一个主题。

电　梯

19 世纪，大城市的数量急剧增加，处于中心位置的是建筑物，钢筋混凝土的发明使得建筑物越来越高，然而在当时，要登上建筑物的高层却只能爬楼梯。1852 年，美国机械师伊莱莎·格雷夫斯·奥的斯发明了全球首台运行良好的升降机，之后摩天大楼的建造才成为可能。

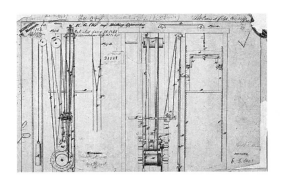

1853年，美国人艾利莎·奥的斯（Elisha Otis）发明的自动安全装置，提高了钢缆曳引升降机的安全系数。

奥的斯发明的升降机以蒸汽为动力，安装在豪沃特瓷器公司的五层大楼里，该升降梯可载6个人，运行速度每分钟12米。其实，简单的运送货物的升降梯早在4000多年以前就已经为人所知了：公元前5世纪的希罗多德认为，大约在公元前2000年埃及金字塔的建造过程中，就是用一种简单的机械把石头运到高处的。公元前400年，希腊剧院利用起重机把演员送到舞台上——罗马人称其为"Deus ex maschina"，意即"机械之神"。在采矿业中，升降机是用辘轳或马拉绞盘来升降的，从1800年起也开始使用蒸汽驱动。升降机的使用并不是绝对安全的，因为一旦升降梯拉升缆绳断开，负载平台就会坠落。1846年，英国人威廉·乔治·阿姆斯特朗逊发明的首架液压驱动升降梯也存在类似问题。30年之后，第一架现代载人升降库在伦敦一家商场启用。20世纪上半叶，这种升降库开始在公共建筑中普及。如今，由于其开放式轿厢且在行驶过程中进出轿厢存在危险，升降库已经禁用。在这期间出现了由电脑控制的电梯，其速度可达每分钟550米，如芝加哥100层高的汉科克大厦内使用的电梯。

平稳制动

现代电梯的轿厢主要由一个承载支架构成：通过驱动盘上的钢丝绳来挂住轿厢和平衡重量，用一个电机给驱动盘供电。电梯对启动、制动和停止的精确性有很高的要求，尤其是驱动装置，必须能够无级差地启动和停止。80年代以来，电梯已经不再只是被安装在电梯井道里了，现代建筑师们也开始将电梯安装在建筑物外立面，其四周是透明的玻璃罩。

电力驱动

在奥的斯的发明之后，由于发电站的缺乏，通向电力驱动升降机梯的道路仍然十分遥远。即使 1880 年维尔纳·冯·西门子推出了首台电梯，五年后法国北部铁路局在巴黎火车站安装了更多的电梯，也没能改变这种情况。这些电梯都得用充电电池来供电，因此直到 19 世纪末，在电梯随着城市电气化的发展而被推广之前，蒸汽升降梯和液压升降梯仍占主导地位。1929 年，日本对升降机实施了一次改进：三井银行大楼里安装了世界上第一台电力驱动的快速升降梯，它在 30 秒内可上升 50 米。

滑轮和绞盘

公元前 700 年，希腊机械师第一次使用滑轮。四个世纪之后，阿基米德在此基础上发现了杠杆定律,他论述了楔形、斜面和滑轮的作用，这为滑轮结构的完善打下了基础。阿基米德还发明了滑轮组，在一根绳上平衡设置多个滑轮，以此把重物的重量分成若干份。罗马人把这个理论应用到了实践中，因为他们已经有了耐用的绳索，世纪之交的时候甚至出现青铜丝。同滑轮一样,用绞盘来提升重物也有悠久的历史，早在公元前 4 世纪，希波克拉底就已经对它的使用做过描述。

升降梯技术的重要发展

"上升的房间"

1823 年，工程师伯顿和荷马制造了一个可以"上升的房间"，他们把 20 个付过钱的游客运送到一个 37 米高的平台上俯瞰伦敦全景。

旅馆升降梯

1860 年，伦敦五层高的格罗夫纳酒店第一次安装了用城市水利系统的水压来驱动的升降梯。

办公楼升降梯

1870 年，在当时纽约的最高建筑物，五层楼高的公平人寿保险公司大楼里，安装了专门为办公楼设计的升降梯。

紧急呼叫系统

1909 年，在当时世界上最高的建筑物，纽约 41 层楼高的胜家大楼里安装了首台带有电话机的升降梯。

飞艇时代

1852 年 9 月 24 日，法国飞行员亨利·吉法尔发明的世界上第一艘可操控的飞艇起飞。他驾驶飞艇飞上 1800 米的高空，在凡尔赛宫的上空飞行了 27 米。吉法尔的飞艇用的是蒸汽机做推进器。一直以来，各种不同的设计发明不断产生，20 世纪初终于进入了飞艇时代。

虽然飞艇的发明取得了成功，但是蒸汽机的推动力却很小。因此随后出现了许多用电动机和汽油机做驱动的试验。在这方面，符腾堡州的一位早期官员菲迪南德·格拉夫·冯·齐柏林伯爵取得了突破性进展，他制造的飞艇即为乘客和货物留有足够的空间，飞行速度又快。飞艇的支架由圆环和长杆组成，它给了飞艇稳固的结构，比前人设计的气球飞艇更加安全。

飞艇发展中的主要任务是：简化飞艇的制造，降低其成本。因此齐柏林决定采用铝结构框架，并把弗里德里希港的博登湖作为生产基地，因为这样他可以把大厅建在水上。浮动的大厅随着风向飘动，支撑着行驶出来的飞船。1900 年 7 月 2 日 20 时 03 分，"LZ1"，齐柏林一号飞艇首次升空。这架飞艇长 128 米，直径 11.2 米，是以前飞艇的好几倍。首航之后公司却一再遭受挫折，例如 1908 年，齐柏林本打算驾驶他的飞艇 24 小时内完成 70 千米的航行，以此证明飞艇的性能良好，但是飞艇却被风暴摧毁了，

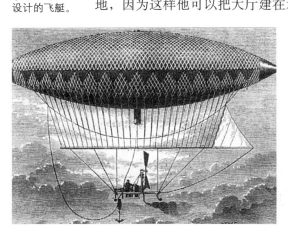

1852年，法国亨利·吉法尔设计的飞艇。

他不得不紧急迫降。不过这并没有阻止飞艇的成功，不久之后，齐柏林号被用作民用航空工具，军方也表现出了对它的兴趣。一直到 20 世纪 30 年代这种被形容为"银色的雪茄"的航空工具都很流行，但后来被飞机取代了。如今它们逐渐又开始流行起来。

"兴登堡号"飞艇的最后一次飞行

1937 年 5 月 3 日，载有 61 名乘务员和 36 位乘客的"兴登堡号"飞艇在美国起航，1937 年 5 月 6 日 19 时，飞艇在靠近莱克赫斯特的登陆场时遇到了雷阵雨，飞艇背的尾部着火，很短的时间内，这个巨大的飞艇变成了一个熊熊燃烧的火炬。事故造成 36 人死亡，原因是飞艇内部的氢气自燃。这次事故使飞艇时代以悲剧收尾。

飞艇之父

1898 年，齐柏林和铝制造商卡尔·伯格合开了一家飞艇开发公司，开始了'LZ1'号飞艇的制造，这个公司一半的启动资金都是公爵自己的私人财产。在历经十年的尝试后，齐柏林终于成功了：齐柏林飞艇制造有限公司在弗里德希港成立，为以后更宏大的发展奠定了基础。随后德国民用航空飞艇股份公司于 1909 年成立，尽管这位退役军官主要致力于飞艇的军事用途。

齐柏林的复兴

在飞艇退出空中舞台数十年之后，齐柏林的设计者们再次展现了新的开拓精神。1997 年，博登湖出现了一艘飞艇，它是 30 年代著名的兴登堡号的升级版。齐柏林飞艇技术有限责任公司制造的时速达 120 公里的快速飞艇，针对市场缺口，主要用在大型货物运输和旅游业上。

货运起重机有限公司（CargoLifter AG）则把精力更多地放到高科技上，他们想制造一种新式的，最多能承载 160 吨货物的飞艇。这艘巨型飞艇长 260 米，直径 65 米，其容积是"兴登堡号"的两倍多。

这个庞然大物的外壳展开有七个足球场大。未来的某一天,这种"飞行的起重机"将可以在全球范围内运输工厂设备。

早期飞艇的发展

天然气发动机

1872 年,美因茨发明家和工程师保罗·亨莱因在布隆发明的飞艇成功起飞,这艘飞艇使用的是天然气发动机。

电动机

1884 年,法国人查尔斯·雷纳德驾驶着一艘以 8.5PS 电动机驱动的名为"法兰西"的飞艇成功飞行了一个来回。

坚硬的构造

1896 年,在柏林,木材经销商大卫·施瓦茨首次为一艘飞艇配备了铝架,飞艇从此有了坚硬的骨架。

汽油机

1898 年,巴西人阿尔贝托·桑托斯·杜蒙制造了一艘以汽油机驱动的飞艇,名为"1 号",这种小型飞艇特别易于驾驶。

冰箱的问世

工业国家中的几乎所有家庭都拥有它,而且已经越来越离不开它,它能使奶类、肉类和蔬菜类保持新鲜,避免了每天购物的麻烦,这就是冰箱。冰箱的原型早在一个半世纪以前就已经产生了:1859 年,法国工程师费迪南德·卡莱设计发明了一台用氨让香肠、奶酪、蔬菜和沙拉上的微生物进入冬眠状态的制冷机。

第一台制冷机的发明者把热力学理论应用到了实践中。1850 年,他以空气和乙醚作为制冷剂的试验失败,继而改用氨做试验。1862 年,他第一次把氨用在一个封闭的循环系统中。制冷剂通过一台压缩机——今天用的是电动机——压缩成液体,流入冰箱中,之后制冷剂在里面汽化并吸收周围的热量，再在制冷机绝缘的内部冷却，汽化了的制冷剂会被吸进制冷机外部的管道中，并再次压缩成液体，冷却循环系统再从头开始运行。

1876 年，德国工程师卡尔·林德将制冷装置推向市场，这一年他获得了冰箱销售专利。用蒸汽驱动的压缩机更适用于屠宰场的冷冻室。冰箱能够更好地储存食物，丰富了人们的饮食，如有了冰箱之后，人们便能吃到像香蕉这样有异国风味的水果了。家用冰箱首次出现于 1913 年的芝加哥。

战国时期的冰鉴，是古代盛冰的容器。这可能是中国历史上最早的冰箱。

今天，尤为受欢迎的是现代的冷藏冷冻一体的冰箱：这种冰箱使用隔热效果好的聚苯乙烯材料和环保的异丁烷制冷剂，既节能又省电。1995 年以来，使用了很长一段时间的氟利昂，因为会破坏臭氧层而被欧盟禁用。

放在冰上

在 11 世纪，尤其是在伊斯兰文化区，从河里采集的雪和冰块常被用作冰窖和冷藏室的制冷剂。直到 20 世纪 20 年代，美国的日常生活中仍然常见这样的场景：送冰的人用巨大的钳子从小山丘上撬下数公斤重的冰块。后来人们开始使用结实耐用的家用冰箱。在德国，家用冰箱直到 1945 年以后才开始普及。

储存艺术

在冰箱出现之前，除了冷藏之外，人们还用过很多其它的方法来较长时间地保存食品，部分方法一直沿用到今天，如用盐腌制肉类和鱼类，普遍采用的方法还有把肉和香肠放到燃烧的木材上熏，把水果和蔬菜蒸熟密封。19、20 世纪，随着消毒技术的发展、储存物质尤其是干冰的使用，这些方法也得到进一步完善。

冰箱制冷剂

氨

1859 年，氨的沸点低达零下 33 度，汽化时产生高温，所以它只能在大型冷藏装置中使用。

氟利昂

20 世纪 40 年代，氟利昂化合物首次用作制冷剂，20 世纪 50 年代以来，也被用作喷雾剂里的膨胀气体。

丙烷

20 世纪 90 年代，这种多样的、在家庭中也被当做液化气使用的碳水化合物，在所谓的生态冰箱中被用作制冷剂。

氟氯碳氢化合物

1995 年，欧盟范围内禁止使用对臭氧层有破坏作用的氟利昂，取而代之的是大量的氟氯碳氢化合物。

电话的发明

1861 年 11 月 26 日，法兰克福大学的阶梯教室里，菲利普·赖斯用长达两个多小时的时间介绍了他的电话机的优点，然而人们对电话的热情是有限的，没有人预料到赖斯的发明有一天会把整个世界连接起来。

"马是不吃黄瓜沙拉的"，这是人们从赖斯的设备里听到的第一句话，在话语传递方面，海德堡的这位教师借用了其他研究者的成果。研究者们发现了一个现象，电磁波能够变成机械波进而转化成声波。赖斯仿照人的耳朵造了重要的部件——发射器，把带有小铁片的猪肠膜放在"耳道"的末端，声波振动肠膜，与金属片产生碰撞，声波因此转换成微弱的电流脉冲；接收器用的是缠铁丝的毛衣针和小提琴箱做共振体。菲利浦·赖斯去世不久，这项发明的桂冠被波士顿的教授亚历山大·格雷厄姆·贝尔摘得。1876 年，贝尔为它改良过的电话申请了专利，那时的世界似乎只在等这部电话。1876 年，美国还架起了第一条实验性电话线，长 8.8 千米，不久"电话热"就传播开来。不过最初电话的有效通话距离很小，只有 70 公里，而且打电话的人经常会听到陌生人的谈话。19 世纪末，南斯拉夫裔美国高校教师迈克尔·普平通过线圈感应减少了干扰，消除了这一弊端，电话的有效距离扩大到了 3000 公里。1915 年，美国纽约和圣弗朗西斯科的居民之间开始通电话，当时已经出现了一种新的发明——能够显著改善线路的电子管。

1892年纽约至芝加哥的电话线路开通。电话发明人贝尔第一个试音："喂，芝加哥"，这一历史性声音被记录下来。

专利权之争

1876 年 2 月 14 日的两个小时决定了电话发明的专利权归亚历山大·格雷厄姆·贝尔所有，他的竞争者伊莱莎·格雷出现在专利局时已经太晚了。贝尔，苏格兰人，1873 年担任波士顿大学声音生理学教授，在电报机线路改良的实验中，贝尔获得了语言传播方面的成功，凭借这项成果，贝尔在 1876 年的费城博览会上引起了轰动，同时也受到了很多人的指责：别人骂他是可疑的腹语表演者和江湖骗子。为了自己的专利，这位电话发明的先驱者提起了 600 多场诉讼，最终全部胜诉。

用光传输

1966 年，英国高锟与乔治发明的玻璃纤维电缆对信息社会起了决定性作用，传统的铜质电缆只能同时接通 30 部电话，而一根玻璃纤维却能接通 40000 部。

纤维跟人的头发一样细，甚至还能传送录像，而且玻璃光缆比铜质电缆便宜得多，工作时的干扰更小。这项技术的背后隐藏着一种特殊的方法：通过光传输，用短激光脉冲来传输信息。这种管线存在的主要问题是，如果受到污染或者玻璃纤维出现细微裂缝，光束就会减弱：

1896年的电话

早期的电话机

玻璃越纯，脉冲就传得越远。

传输技术的发展

电话总机

1878 年，波士顿 5 家银行与一个中心交换机连接，这是世界上第一台电话总机。1881 年，欧洲也有了第一台电话总机。

铜取代铁

1884 年，贝尔电话公司在波士顿与纽约之间架设了第一条电话线路，电话线换成了铜丝，以前的铁丝不再使用。

水下电缆

1956 年，苏格兰和纽芬兰之间连接起了第一条水下电话线。3600 公里长的线路最初能同时接通 36 部电话，后来能同时接通 88 部电话。

通讯卫星

1962 年，通讯卫星泰事达是第一个人造天体，它实现了美国与欧洲的远程无线通话。

地下自由之旅

工业革命时期，欧美国家上下班高峰时间的交通量剧增，街上到处堵着公共马车，出租马车，有轨电车和众多的步行者。伦敦每天有25万人以各种方式前往工作地点上班，直到1863年，这种人们习以为常的混乱才不再出现：伦敦成为了世界上第一个拥有地铁的城市。

在伦敦地下建造铁路网的设想是由查尔斯·皮尔森提出的。他出身于一个贫穷的软垫安装工家庭，后来成为伦敦市的最高法官。皮尔森写道："穷人就像生活在枷锁之下，想要步行出门但是没有时间，想要乘坐长途交通工具到达工作地点却又没有钱。"1863年1月10日，皮尔森的梦想变成了现实，伦敦中央火车站开始运营地铁。人们大胆地实践了这一新型交通技术的伟大设想，泰晤士河畔的伦敦成为世界上隧道施工方面的领先者。

1842年，法国裔英国人马克·伊桑巴德·布鲁内尔用自己发明的挖掘技术，花了18年的时间，组织人在泰晤士河下面挖了一条隧道，地铁隧道的挖掘用的也是这种技术。因为在1890年之前伦敦地铁用的都是蒸汽火车头，所以需要排气装置和集气管道负责空气的循环。实验成功之后，其他的大城市也拥有了自己的地铁。地铁为世界大都市的发展以及都市中人口的流动，作出了重要贡献，它影响了整个城区的规划，并为工厂迁出市区提供了可能性。

伦敦地铁是世界上第一条地铁

冒险之旅

拥有2700万人口的东京，其交通运输网井然有序，而地铁运输在其中占据最重要的地位。正因为有了它，东京的交通才能够在高密度下依然畅通无阻。地铁对运行时刻表的遵守几乎精确到秒，而对待乘客却也因此少了一点耐心。乘客被维持秩序的工作人员使劲推进已经非常拥挤的车厢里，或者在启动时被使劲拽回来，这种情况在其他的地方或许不太可能，但是在东京却非常正常。东京地铁部门甚至需要人手，把人们挤车的时候扯破的袖子和丢失的鞋子收集到篮子里加以清理。

并非娱乐

在早期的地铁乘客当中，很多人都很害怕身处隧道，因为车厢里灯光昏暗。为了避免昏暗中的性骚扰，女士和先生甚至需要分开乘坐不同的车厢。而最让人感到困扰的还是蒸汽火车头排放的废气。一个从埃及回家度假的殖民官员认为："隧道里的味道就像鳄鱼的喉咙一样难闻。"最令人担心的地铁犯罪反而很少发生，伦敦地铁里还从未发生过凶杀案。

早期的地铁

布达佩斯地铁

1896 年，欧洲大陆的第一条地铁线路在匈牙利首都布达佩斯建成通车，并且使用的是电动火车头。

巴黎地铁

1900 年，正值世博会之际，法国首都巴黎的第一段地铁开始运行。巴黎地铁线路起初仅为 10.3 公里，现已超过 300 公里。

柏林地铁

1902 年，西门子公司投资建造了柏林电力地铁网的第一段路轨。从 1882 年起，柏林的部分轻轨铁路也开始走隧道。

纽约地铁

1904 年，美国东海岸的国际大都市纽约的地铁建成通车。最初，其电力驱动的地铁线路最初长 15 公里，今天已经达到 400 公里。

巨大的爆破力

意大利物理学家阿斯卡尼奥·索布雷罗发明的硝化甘油，和瑞典化学家阿尔弗雷德·诺贝尔在汉堡附近的易北河滩上发现的矽藻类多孔化石，一起组成了一种物质，这就是诺贝尔于 1867 年发明的一种烟黑色的粉末——甘油炸药。这项发明，使诺贝尔成为了百万富翁。

虽然甘油炸药使用起来并没有太大危险，但是它的发明之路却是相当危险的。1864 年，在使用大量硝化甘油做实验的过程中——估计用去了 150 千克硝化甘油——坐落于海伦堡的诺贝尔的化工厂发生了大爆炸，诺贝尔最小的弟弟也因此失去了生命。随后，瑞典政府禁止在住宅区附近建厂生产炸药。仅一年之后，硝化甘油在 "欧洲号" 汽轮上的爆炸又造成 47 人丧生。一直以来硝化甘油都被当做普通的行李运输：1865 年，纽约的一名服务员把一个旅客冒着烟的红色箱子扔到外面，里面装着 5 公斤硝化甘油，炸药在路上炸出一个几米深的大坑。1867 年，在盖斯特哈赫特附近的一艘货船上的实验室里，诺贝尔发现了一种能够 "缓冲" 易爆的方法，他不再使用那些一碰撞就会爆炸的液体爆破材料，而是改用一种粉末状物质。

这种材料就是硅藻土，一种几乎透明的粉末状物质，由无数硅藻的硅酸盐化石构成，能够把硝化甘油变成甘油炸药，它就堆在诺贝尔在德国的工厂门前。诺贝尔把硅藻土浸泡在硝化甘油里，找到一种最优混合比例，并将其命名为 "Dynamit" （甘油炸药），来自希腊语 "dynamis"，意为力量。这种炸药产品为更大型的隧道建设提供了可能，因此产量大增。如今 "Dynamit" 已成为大约一百种不同炸药的总称。

甘油炸药的发明者

阿尔弗雷德·诺贝尔，1833 年出生于斯德哥尔摩的贫穷地区，在家里的八个孩子当中排行老三，因为家境过于贫寒，五岁时他不得不

硝酸甘油炸药的发明者阿尔弗莱德·诺贝尔

临时到街上卖火柴。后来诺贝尔一家迁往俄罗斯的圣彼得堡，并在那里开了一家公司。诺贝尔开始了他伟大的化学家和企业家的生涯，到1860年末，他已经在几乎所有的先进工业国家都开办了炸药工厂。诺贝尔本人一直致力于炸药的研究工作，并于1875年发明了爆炸胶，于1890年发明了硝化甘油粉末。

创立诺贝尔和平奖

二战之后，诺贝尔首先认识到了核武器的威慑力，"我想创造一种物质或是一种机器，它拥有可怕的、巨大的、毁灭性的威力，有了这种武器，战争就不再有爆发的可能性了"。虽然诺贝尔的炸药大大地提高了军队的杀伤力，但却并不能真正阻止战争的爆发，这一点诺贝尔自己也很清楚。1895年，他立下遗嘱，并创立诺贝尔奖，其中的诺贝尔和平奖将颁发给那些"为促进民族团结友好、取消或裁减常备军队，以及为举行和平会议尽到最大努力或作出最大贡献的人"。

重要的爆破材料的发展

火　药

330年，在欧洲的君士坦丁时代，火药就已为人所熟知，这种由硝酸钾、硫磺、沥青和石油组成的爆炸性混合物的真正发明者其实是中国人。

黑火药

1313年，修道士贝托尔德·施瓦茨是欧洲第一个将已经广为人知的中国火药加以改良的人，他的黑火药由硝酸钾、硫磺和煤混合而成。

硝化甘油

1847年，意大利化学家阿斯卡尼奥·索布雷罗发明了硝化甘油，这是一种由硝酸钾和浓硫酸混合而成的强爆炸性物质。

三硝基甲苯

1863 年，德国化学家约瑟夫·威尔勃兰德发明了三硝基甲苯炸药，与苯环的化学结构相似，是当今最常用的炸药。

备受瞩目的网球运动

1877 年，网球这项古老而高雅的运动使得伦敦西南部温布尔登小镇上一个名不见经传的体育俱乐部一举成名，温布尔登也从此成为了网球这种"白色运动"的象征。这项传统在草地上举行的比赛被运动员们誉为"最隐蔽的赛事"。

1877 年 6 月 2 日，全英俱乐部和英国草地网球协会为增加收入，在经过一番激烈讨论之后决定举办一场网球赛。这是个可以营利的决定。该俱乐部在过去的 124 年中只有 1895 年出现过赤字。1990 年俱乐部对比赛场地进行了改建，此时比赛收入已经达到接近一千万英镑，并且此后从未下滑。1882 年俱乐部的名字稍微发生了一些变化，改称"全英草地网球俱乐部"。

1875 年第一次比赛之前，温布尔登俱乐部对网球规则进行了一些改革，比如废除沙漏形的比赛场地。从 1884 年起，妇女也可以参加比赛。1968 年，除业余选手之外，职业选手也可以参加比赛。不过，女选手获得的奖金只有男选手的三分之一。如今，女子网球赛事已经变得与男子网球同样热门。女子网球选手的知名度也丝毫不逊色于男选手。

温布尔登每年举办高含金量的网球赛事，它是全世界网球精英的"麦加"，选手们在传统的英国草地上角逐大满贯。

黑人占据了"白色运动"

"在德旺公爵的网球和杰斐逊城的保龄球之间还有很长的一段路。"1957 年第一位黑人女冠军爱尔西亚夺冠，吉布森这样评论她在温网的胜利。同样，阿图尔·阿什也依靠他所取得的运动成绩使种族

温布尔登网球锦标赛徽标。它是现代网球史上最早的比赛，由全英俱乐部和英国草地网球协会于1877年创办。

歧视在美国得到关注。1975年阿什在决赛中击败了吉米·考纳斯，这是他网球生涯的巅峰。90年代末，维纳斯·威廉姆斯与赛琳娜·威廉姆斯姐妹也充分利用黑人种族出身将她们与白人对手的比赛说成是"黑白之争"。

网球场上文明而严格的着装规则

早些时候，网球运动员比赛时必须着白色球服，禁止穿超短网球裤。如果顶着雷鬼头、不刮胡子或戴着刺眼的头带更是不被允许在草地上比赛。不过这些老规矩现在已经不存在了。如今的赛场上色彩斑斓，有时甚至弥漫着情色气息。"情趣"战胜了"高雅"，充斥着商业气息的赞助标志淹没了传统意识。最开始时，参加温布尔登网球赛的女选手们都穿着高领的褶边连衣裙、戴着卷沿太阳帽。1905年，美国女选手梅尔·萨顿在比赛时卷起了衣袖，这一举动让记者们大为光火。1919年，穿露手领袖衫上场的法国女选手苏珊·朗格伦也一度在赛场上引起了轰动。

早期的妇女平等运动

英国女王维多利亚认为，妇女要求平等是"违反基督教和反常"的表现。不过，女运动员们可不这么认为。1884年13名女选手在温布尔登举行了首次比赛。女子体育从此成为妇女进步的象征，并在英国蓬勃发展。1913年首场女子双打比赛在温布尔登举行。这时，第一位网球女明星已经诞生，她就是英国人多罗西·拉姆勃特·查姆勃斯，在1914年她第七次拿到个人冠军。不过，由于第一次世界大战的爆发，查姆勃斯的辉煌没有延续下来。

温布尔登女子网球明星

苏珊·朗格伦

1925 年，法国选手苏珊·朗格伦第六次也是最后一次夺得温网冠军。这位一战后的网球巨星在 1919 年至 1923 年连续五年夺冠。

海伦·威尔斯·穆迪

1938 年，这位 33 岁的美国女将第八次温网夺冠，超越了七次获得冠军的英国女选手多罗西·拉姆勃特·查姆勃斯的纪录。

比利·简·金

1975 年，这位致力于妇女平等运动的运动员第六次温网夺冠。她也为女运动员争取到了更高的奖金。

玛蒂纳·纳芙拉蒂诺娃

1990 年，这位捷克斯洛伐克裔的美国女选手在温网第九次夺冠。

留声机的问世

DJ 们操作的唱片机是音乐领域不可缺少的东西。它的问世要归功于大发明家托马斯·埃尔瓦·爱迪生。1877 年，他发明了一台能够记录并播放声音的"会说话"的筒式留声机，这台机器可以存储声音并可以任意回放。

爱迪生的留声机主要由一个缠有锡箔纸的金属圆筒和一个手摇柄组成，录制声音和播放声音是分开实现的。金属筒横向固定在支架上，旁边是一个粗金属管，它的底面中心有一根针头（唱针），随着歌声的起伏，唱针在锡箔上刻出深浅不同的槽纹，声音就这样被记录下来。当唱针沿着已经刻好的槽纹运动时，留声机就发出相应的响声，声音就这样被重现了。到目前为止，几乎所有的留声机都是按照这个原理工作的。虽然爱迪生后来又对他的留声机进行了一系列改进，不过机器的音质依然不是很完美。

在爱迪生的这项开创性发明出现 120 年后，CD 光盘问世了，留

爱迪生发明的
留声机

声机上用的黑胶碟开始变得鲜有人问津。不过，这些黑胶碟在今天又重获新生。这主要不是因为它们的怀旧价值，而是由于它们温暖、"圆润"的音色。现在，在唱片店、网上商店甚至许多其它商店里都能重新看到它们的影子。与此同时，DJ们将碟片播放发展成为了一门艺术。他们是黑胶碟的忠实拥护者。

著名男高音卡鲁索

第一位靠唱片成为百万富翁的是意大利人特纳·恩瑞克·卡鲁索。从 1901 年开始，他共录制了 250 多张唱片。卡鲁索出生于那不勒斯的一个手工业者家庭，在家里的 21 个孩子中排行第 19 位。卡鲁索 19 岁第一次登台，26 岁时接到米兰斯卡拉歌剧院的演出邀请，不久又到纽约大都会歌剧院演出。这位天才男高音的保留剧目有六十余场，其中包括一些难度很大的角色，如《阿依达》中的拉达梅斯，《托斯卡》中的卡瓦拉多西以及一些丑角。不过天妒英才，1921 年，仅仅 48 岁的卡鲁索便离开了人世。

虫胶唱片的发明

旅美德国人埃米尔·贝林纳非常欣赏爱迪生发明的留声机的录音功能，但他对留声机的放音质量并不满意。贝林纳认为留声机音质差的原因在于用锡箔纸缠绕的圆筒。1887 年，他发明了一种表面涂有亚麻籽油的玻璃圆盘。当唱针在圆盘涂层上划出表征声音的轨迹后，再用虫胶将这些轨迹保存下来。后来，贝林纳用锌板代替了玻璃板，并将它制成母板用来复制唱片。第一张虫胶唱片直径 12 厘米，大小如今天的 CD，在唱片机中每分钟可转动 100 转。

录音机

爱迪生一生共有两千多项发明，他是第一个听到自己声音回放的人。1877 年他用自己的筒式留声机录了两声"Hallo"并回放了出来。1877 年 12 月 6 日，爱迪生又录制了一首自己唱的《玛丽的小羊羔》，让他的助手惊讶不已。不过，爱迪生只注意到了留声机的录音功能，他没有预料到这一发明日后对音乐界所产生的影响。

爱迪生和他的留声机

录音和放音技术的进步

磁记录

1898 年，丹麦人瓦尔德玛·保尔森将电话和留声机连接，奠定了磁记录的基础。

慢转密纹唱片

1848 年，第一张 PVC 材料的慢转密纹唱片制作完成，它的放音时间是传统唱片的六倍。

爱迪生最初发明的留声机

爱迪生圆筒留声机（1899年）

立体声唱片

1958 年，30 年代出现在美国的立体声录音和放音光盘技术已日趋成熟，并很快在这一领域取得了突破。

CD 光盘

1980 年代，应用 CD 光盘记录的数字录音，使音质有了很大提高，保存时间也更加长久。

爱迪生给世界带来光明

1879 年，美国发明家托马斯·阿尔瓦·爱迪生研制出了可以连续照明 13 个小时的灯泡。这项发明引起了巨大的轰动，也为爱迪生带来了世界性的荣誉。虽然这个发明不完全是个新事物，但却有力地促进了电灯的发展。

早在 1835 年苏格兰人詹姆斯·堡曼·林赛便宣称用电产生了光，不过这种说法无从考证。1845 年，美国人 J·W·斯达将炭化的竹丝放在抽真空的玻璃烧瓶中通电从而发光，因此取得了电灯的专利。在此之后人们便纷纷效仿。1854 年，英国人约瑟夫·斯旺和德国机械师海因里希·戈培尔制造出了竹丝灯，不过可惜的是，由于当时没有可靠的电源，竹丝灯无法打开销路。1878 年 12 月，斯旺制造出第一盏可以真正使用的白炽灯。爱迪生对斯旺的这个发明很恼火，因为他此时也在独自研制电灯。他的发明比斯旺晚了十个月，不过由于爱迪生的自信与坚持，以及他敏锐的商业头脑，人们最终还是将电灯的发明权归功于他。斯旺 1880 年和 1883 年的附加专利权对爱迪生发明所取得的商业成就构成了威胁，加之爱迪生输掉了专利诉讼案，这迫使爱迪生最终与对手共同组建了爱迪生和斯旺电灯公司，以及德意志爱迪生集团，这就是后来的 AEG。

几十年来，白炽灯技术不断改进，在跟其他新式电灯的竞争中一直处于优势地位。1910 年人们发明了氖光灯，不过这种灯对人类健康

有一定危害。20 世纪 70 年代中期，新一代的
节能电灯问世，它的发光效果比爱迪生时代的
电灯好很多，不过价钱也贵很多。古老的白炽灯，
历经百余年历史却青春依旧。

电能的推广

19 世纪末，白炽灯相对煤气灯已具有明显
的优势。不过如果没有插座，白炽灯便无法发
光，因此发电站的建立是白炽灯普及的前提。
1881 年，世界第一所发电站在英国一家皮革厂
开始运转。此时的爱迪生已预见到了其中蕴含
的巨大商机。一年以后，为了推销他的白炽灯，
爱迪生在纽约开设了一家发电站，为 6000 盏电
灯提供能源。不久以后很多大城市都亮起了白炽灯。

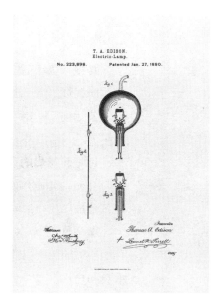

爱迪生的电灯
泡草图

弧光灯

令大多数人感到意外的是，路灯其实要比家用白炽灯出现的早。
1808 年美国人胡弗瑞·戴维将两根炭棒固定在电池的两极上，电流通
过电池发出弧光，弧光灯就这样问世了。不过这种弧光灯发光不久炭
棒就会烧尽。1846 年英国人 W·E·斯黛特发明了自动加炭的机械装置，
从此以后弧光灯的性能就比较可靠了。1882 年，伴随着柏林第一所发
电站的建立，弧光灯路灯的时代开始了。

发光的钨丝

起初爱迪生用烧焦的棉纱作为灯丝，这种电灯的寿命很短。1902
年，奥地利人卡尔·奥耶·冯·维斯巴赫用寿命较长的锇做灯丝，不过，
锇丝被烧至白热时也会有损耗。1908 年，美国人威廉·克里格找到了
更合适的材料——钨。1934 年，人们改用螺旋状的钨丝，这大大提高
了白炽灯的发光效果。到了 1958 年，人们在白炽灯中注入卤素气体，

这使它的发光效果得到了改善。

照明发展的重要里程碑

油 灯

公元前 2760 年左右，埃及王室第一次用游动烛芯的油灯进行室内照明。

长时间燃烧的油灯

公元前 400 年左右，希腊人卡利马库斯发明了自动添加灯芯的油灯，添加一次灯芯可以燃烧一年。

煤气灯

1792 年，在英国和法国，人们首先使用了煤气灯。煤气主要来自木炭和焦炭。

煤气灯罩

1892 年，奥地利人卡尔·奥耶·冯·维斯巴赫发明了煤气灯罩，它可以把昏黄的煤气灯光变明亮。

居住在云端

哪座建筑是世界上第一座摩天大楼，这个问题一直存在争议。不过建于 1884 年至 1885 年间的芝加哥家庭保险大厦被认为是摩天大楼建筑史上的里程碑。它是首座有承重框架的摩天大楼，设计者是威廉·勒巴隆·詹尼。1891 年，同样建成于芝加哥的蒙纳诺克大厦后来居上，它的设计者是丹尼尔·H·伯恩哈姆和约翰·W·鲁特。

毫无疑问，首座摩天大楼诞生于芝加哥。1871 年的一场大火烧毁了这座城市的大部分建筑，但这也为城市整体重建提供了机会。重建后的芝加哥迅速发展为谷物和肉类交易的大都市，这座新兴的大都市急需办公空间。一方面，为了合理利用土地，人们尽可能地多建造叠拼楼房，1852 年，伊莱沙·格雷夫斯·奥的斯发明的电梯为此提供了前提。另一方面，框架建筑开始出现，用这种建筑方式可以轻松地建起摩天大楼。

1896 年，路易斯·沙利文提出了摩天大楼的建筑美学。这种建筑是经典的柱状结构，底部是商业区和入口，中部是办公区，顶部有突出的塔楼。芝加哥早期的摩天大楼建筑风格都偏重实用性和功能性，而纽约摩天大楼的建筑风格则更加戏剧化。沙利文的美学理念也体现在纽约的哥特式伍尔沃斯大楼和 Art Deco 风格的克莱斯勒大厦中。

二战后，摩天大楼的外形更加简洁，但高度却越来越高。381 米高的帝国大厦曾是当时最高的摩天建筑，不过这一纪录很快被 70 年代出现的一系列更高的建筑所超越，如 1973 年建成的高 417 米的纽约世贸中心、1974 年建成的高 443 米的芝加哥西尔斯大楼等。1996 年，在马来西亚首都吉隆坡建成的双子大厦比西尔斯大楼还要高 9 米。与美国和亚洲相比，欧洲的摩天大楼建筑要低矮很多，法兰克福商业银行大厦高度为 259 米，加上屋顶天线后也只有 299 米。

双子塔是两栋位于马来西亚吉隆坡市中心的摩天大楼，楼高452米。为目前世界最高的双栋大楼。

曼哈顿的标志

四十多年来，位于纽约第五大道上的帝国大厦一直是世界上最高的建筑。这座曼哈顿的地标建筑建成于 1931 年 5 月，用时 13 个月，比原计划提前了 7 个月。大厦原计划花费 5000 万，最终建成后少花了近 1000 万。这座设计于世界经济危机时期的大楼为 25000 多人提供了工作岗位，因此被视为经济复苏的象征。另外，建筑师威廉·拉姆还在大厦顶端建造了一个飞艇碇泊塔，不过一直没有使用。

远东的摩天大楼

20 世纪 90 年代，远东逐渐动摇了美国的经济中心地位。马来西

家庭保险大楼。建于1885年，位于美国伊利诺伊州的芝加哥；楼高10层，42米，是世界第一幢摩天建筑。由美国建筑师威廉·詹尼设计。

纽约胜家大楼

亚的吉隆坡出现了新的世界最高建筑——双子大厦，它由美国人西萨·安东尼奥·佩里建造，塔楼高452米。下一座世界最高的摩天大楼也出现在亚洲，它是高508米的台北101大厦，这座建筑2003年建成于台湾。那时全世界十大摩天大楼中，有五座位于亚洲，这些超高建筑也是东亚经济繁荣的象征与展示。

摩天大楼建筑专家

曾经负责柏林帝国大厦改建工作的英国建筑师诺曼·福斯特，也因建造了两座摩天大楼而举世闻名。1979—1986年间，他建造的汇丰银行亚太总部大厦落户香港。1997年他又在美因河畔的法兰克福建立起法兰克福商业银行大厦。在位于香港的银行大楼内部，有一个超过十层楼高的前厅，通过反射系统，大厅可以受到日光照射。法兰克福商业银行大厦则拥有九个大花园，被称为"生态摩天大楼"，其中最高的花园位于 144 米处。

美国著名的摩天大厦

曼哈顿大楼

1890 年，威廉·利巴罗·詹奈在芝加哥首次以承重框架方式建筑了这座 16 层高的大厦。

西格拉姆大厦

1958 年，这座建筑由德裔美国建筑师路德维希·密斯·范·德鲁厄建造，堪称实用主义的典范。

西尔斯大厦

1974 年，位于芝加哥的西尔斯大厦在建成后的 22 年里一直是世界最高的摩天大厦。它的外形是一些堆积的立方体，由布鲁斯·格拉姆和法茨鲁尔·卡恩设计建造。

AT&T 大厦

1983 年，建筑师菲利浦·约翰森和约翰·布吉在建造这座纽约后现代建筑时汲取了一些传统设计，如穹顶和突出的山墙。

汽车社会

1860 年，法国人约瑟夫·艾蒂安·勒努瓦成功研制出一台煤气驱动的燃烧发动机，不过他制造汽油发动机的试验宣告失败。直到 1885—1886 年间，德国人卡尔·费德里希·本茨和格特利普·戴姆勒以及工程师威廉·迈巴赫才制造出汽油发动机汽车，他们也因此被誉为现代汽车之父。

1882 年，戴姆勒创建了自己的汽车公司，迈巴赫在此间研制出一台高速运转的汽油发动机。戴姆勒把这台机器安装在一辆改装的简陋马车中，这台发动机成功地驱动了马车的两个木轮。在此之前，曼海姆的工程师本茨也制造出了他的第一辆装有新型发动机的三轮汽油汽

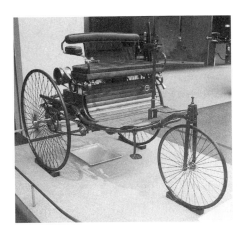

1886年的奔驰专利摩托车，是世界第一辆汽车。

车。本茨的汽车在很多细节上已具有现代汽车的特征。这辆汽车是历史上第一辆发动机和底盘融合的机车。在此之后汽车制造业得到了迅速发展。21世纪初，汽车已成为科技发展的代表，从微型芯片到精致的仪表盘，从高性能碳纤维到耐高温和耐低温的内饰材料，处处都体现了科技的最新进展。

汽车是现代人的拐杖，离开它人们几乎无法到达工作地点、超市、电影院或度假地。城市生活中充斥着汽车。起初人们希望汽车越来越大，现在这一观念正逐渐被颠覆。

第一辆大众化汽车——Modell T

20世纪初，欧洲社会开始出现对大型豪华汽车的需求，那时汽车还属于上层社会的奢侈消费品。但与此同时，1908年，另一个发展趋势开始在美国出现。在流水线批量生产技术的基础之上，亨利·福特成功地推出了面向普通人的汽油汽车。福特根据人们购买力的变化适时调整汽车价格，这种销售策略是福特成功的一个因素。1927年，最后一台Modell T下线，至此，福特已成功卖出1500万辆汽车。此外，建立覆盖全面的售后服务网络是福特成功的另外一个秘诀。

车流滚滚

虽然德国人发明了汽油汽车，不过汽油汽车在德国出现要比英美晚很长时间。第一辆戴姆勒公司生产的汽车出现在法国，名叫"梅赛德斯"。1927年，当福特公司在美国已经生产了几百万辆汽车的时候，德国的街道上几乎还看不到汽车。二战后，欧洲的汽车工业才开始繁荣。至20世纪70年代末，全世界共有约2.5亿辆汽车。这期间生态理念逐步得到认同，低排量的环保汽车逐步代替了高排量汽车。

对手间的竞争

来自施瓦本的机械工程师哥特利普·戴姆勒，被认为在造车天赋上不如他的同僚威廉·迈巴赫，他推行自己的最大功率汽车理念，并不断敦促迈巴赫予以实施。另外一名汽车工程师卡尔·弗里德里希·本茨是个不知疲倦的人，他从早到晚都呆在汽车制造厂里。不过他缺乏销售技巧，直到他的妻子驾驶着他制造的新车横穿法国后，本茨的车才受到人们的关注。戴姆勒和本茨相互竞争，不过后来双方却合并组建了斯图加特汽车锻造厂，工厂以他们的名字命名。具有讽刺意味的是，两人虽然住处离得很近却从未见面。

汽车制造领域的重要发明

充气轮胎

1888 年，爱尔兰兽医约翰·B·杜洛普重新改进了已经被遗忘的充气轮胎。1844 年，杜洛普的同胞罗伯特·W·汤姆普森曾首次取得充气轮胎的专利权。

方向盘

1900 年，法国潘哈特·勒瓦瑟公司首次在汽车上安装了方向盘。在此之前，汽车上装的是顶端带有一个小转盘的操纵杆。

改良的制动器

1923 年，美国法曼公司推出了带有助力制动器的系列汽车。1956年盘式制动器代替了之前的鼓式制动器。

ABS

1984 年，ABS 防抱死系统能避免在紧急刹车时方向失控及车轮侧滑，使车轮在刹车时不被锁死。

工业化进程中的交通运输业

从 6 世纪到 1800 年，欧洲的总人口从未超过一亿八千万。然而，1914 年以后，由于工业化和医疗条件的改善，人口数量增长到了四亿六千万。人口总数增长的同时，人口分布不均的问题凸现出来。越来越多的人离开农村迁往城市，客运和货运交通也就成为人们出行必不可少的手段。今天，人们巨大的出行需求使道路和航空交通日益繁忙。人们在享受便捷的同时也不得不忍受现代交通带来的一系列麻烦。

19 世纪下半叶以前，城里人们出门基本都是靠步行，客运马车路线只有很少的几条。1800 年左右，英国工程师建起了用于运输谷物和煤炭的跨地区铁路线。不过直到 1825 年，人们都是用马来拖动车厢运输的。

没有人预料到，铁路客运发展得如此迅速。一个多世纪以来，火车一直是最快捷、最重要的交通工具，世界各地的铁路网络不断扩张。1900 年，德意志帝国的铁路总里程达到了 47000 公里，可以绕地球一圈还多。

蓬勃发展的汽车业

对于近距离出行的人们而言，铁路并不是一种合适的交通方式。19 世纪晚期，一种类似于今天自行车的交通工具开始出现，它是今天自行车的始祖。如今，在世界的一些地方，比如在中国的一些大城市里，自行车仍然是个人近距离出行首选的交通工具。不过，在美国和欧洲情况则完全不同。1886 年，迈巴赫—戴姆勒和本茨制造了第一批汽油汽车。1908 年亨利·福特在美国制造了"Modell T"系列汽车，几年之内便在美国达到了几百万台的销量。受一战影响，欧洲汽车业的开始发展得比较缓慢，随后的经济衰退和二战再次使汽车业饱受打击，直到 20 世纪 50 年代中期重建完成后，欧洲汽车业才开始大规模发展。

80 年代和 90 年代，在一些大城市，机动车大规模发展的脚步开始放缓。大量的汽车不仅让城市的街道变得拥挤不堪，汽车产生的尾气也对环境造成了严重的污染。于是，人们开始新建和扩建公交、地铁等公共运输线路，汽车制造商们也开始生产小体积、低排量的环保汽车。

暗淡的铁路运输

20 世纪中期，在汽车和火车两种交通工具之间，人们更愿意选择汽车。这一方面是因为汽车让人们的出行变得独立和自由，另一方面则是由于在这期间经济形势得到了明显好转。

铁路运输在很多方面无法与公路运输媲美。尽管美国的交通政策比起欧洲更加优惠和务实，美国在此期间的铁路里程数还不及 1900 年时的一半。在欧洲，德意志铁路公司自私有化以后有约三分之一的线路处于无利可图或濒临破产的境地。相对于公路运输，铁路唯一的优点仅仅是更加环保。

试想，如果人们知道 90% 的货运都是近距离运输的话，怎么会将大部分货运从公路转移到铁路上来呢？对于大部分承运人来说，把货物先用货车运到火车站，用火车运输 30 公里后再卸到货车上的过程太不划算。因此只有在运输大宗货物时，人们才考虑使用铁路。

虽然有一些反对意见，但迫于经济形势，一些轻轨和铁路支线最终停止运营并被巴士路线取代。铁路只能固守 400—1000 公里的中长途运营路线，短途运输还是依靠汽车。据统计，80% 的德国家庭拥有汽车，对他们而言，虽然交通日益拥挤、油价日益上涨，私家车依然是最理想的交通工具。

舒适便捷的飞机

飞机主要承担的是 1000 公里以上的运输任务。20 世纪 60 年代以前，航空运输是非常少的，因为乘坐飞机的费用比铁路要高得多。直到可以运输更多乘客的大空间喷气式飞机出现，乘坐飞机的费用才大幅下降。飞机乘客的增多给航空公司带来了可观的利润。在长途运输的快捷方面，火车是无法与飞机相比的。

拥堵的交通

机场拥堵、火车站爆满、成千上万的车祸、路线亏损、环境破坏、噪音和废气，这些都是交通发展到今天引发的恶果。现代交通给人们带来了便捷，但同时也引发了一系列的问题。不过，有一点必须承认，那就是我们已经再也无法离开它了。

让全世界清爽的饮料

1886 年 5 月，药剂师约翰·史蒂斯·潘伯顿在配制治疗头疼和胃部不适的药剂时偶然调出一种深色糖浆。这种被命名为"Coca—Cola"的饮料在亚特兰大很快热卖，不过它的配方至今仍然被严格保密。

潘伯顿将香草、磷酸、柯拉籽和古柯叶混合，加上大量的糖配成一种糖浆，并加水稀释。这种药物很受欢迎，在出售的第一年中平均每天要从冷饮柜里卖出九杯，每杯售价五美分。这种饮料的名称来自于潘伯顿的合伙人福兰克·M·罗宾逊。潘伯顿是个出色的药剂师，却不是一个精明的商人。1891 年，阿萨·G·坎德勒以 2300 美元拍得了可口可乐的配方和商标，并从 1893 年开始在全国进行销售。1894 年，坎德勒从商人约瑟夫·A·彼顿汉那里得到启发，这位商人没有把可口可乐放在冷饮柜里按杯出售，而是把这种来自亚特兰大的糖浆加水

1890年代可口可乐公司的广告海报

注入玻璃瓶中按瓶出售。就这样，可口可乐很快成为夏季饮品的销售冠军。虽然取得了不错的业绩，但是当时的瓶装可乐让人很难辨认，这个问题一直困扰着坎德勒。1915 年玻璃制造技师亚历山大·萨缪尔森为可口可乐设计了玻璃瓶包装，玻璃瓶的曲线让人想起 20 年代美国影星"麦·韦斯特"，可口可乐逐渐成为美国生活方式的标志。二战期间仅 1943 年一年，艾森豪威尔将军就为海外的美国士兵提供了 300 万瓶可口可乐以及配套的装瓶设备。二战后，可口可乐开始大举向全世界进军。80 年代在苏联和中国，人们也开始喝起了可口可乐。

涉嫌毒品

1892 年，一场关于喝可乐是否会上瘾的讨论拉开了序幕。这一年在美国共报告了 400 例可卡因依赖症病例，一些医生把这一病症归咎于可口可乐。不过，这种饮料中到底含有多少可卡因人们不得而知。在那个年代，很多药品中都含有毒品，甚至香烟中也有。1906 年，由于可卡因在美国被禁止销售，可口可乐不得不修改配方，用咖啡因来替代可卡因。14 年后美国的禁酒令使可口可乐大受裨益，创下了销售记录。

精明的商人

阿萨·坎德勒是一名卫理公会教派的主日学校教师。1891 年他接管了潘伯顿的公司之后，便开始全身心地投入到可口可乐的经营之中。从广告策划、市场营销到基础的产品装瓶系统，再到从发明者那里购买公司商标并自己营造品牌，他所做的一切为可口可乐的成功奠定了基础。1916 年坎德勒退出了他投资 5200 美元的公司，1919 年，他的家庭也以 2500 万美元的价格卖掉了所持有的公司股份。

可口可乐——每时每刻与你同在

通俗贴切的广告语，自 1922 年起就沿用的标准化玻璃瓶包装，可口可乐的商标，这一切都为可口可乐的成功作出了贡献。赞助体育和文化活动一直都是可口可乐的传统。1928 年，美国运动员带着 1000 瓶可乐出征阿姆斯特丹奥运会。1990 年，可口可乐博物馆在亚特兰大建成。1996 年，亚特兰大奥运会上铺天盖地的可口可乐广告也让世人把这届奥运会称为"可口可乐盛会"。

可口可乐巨大的广告效应从 1931 年开始显现：设计师哈顿桑德·布鲁姆用可口可乐的红白两色绘制了一个胖乎乎的圣诞老人，这后来成为圣诞老人的标准形象。

可口可乐大事记

芬 达

1941 年，由于原料短缺，可口可乐在二战期间推出了芬达产品，这种黄色汽水也很抢手。

"Coke"

1945 年，著名的可口可乐商标"Coke"被申请专利，也成为可口可乐的代名词。

雪 碧

1961 年，可口可乐在芬达后，再次增加产品种类，推出了柠檬橙饮料雪碧。

健怡可乐

1984 年，为满足注重身材的可乐爱好者们的需要，公司推出了健怡可乐，这种低卡路里饮料很快受到追捧。

美丽不仅来自内心

"美丽来自内心的修为。"这句老话只说对了一半。迷人的外表比需要得到证实的"发自内心的美"更容易为一些事打开方便之门。1888 年，为了吸引更多游客到本市的温泉疗养胜地度假，比利时斯帕市的参议员们发起了首次选美比赛。

这个由 1888 年的选美案例得出的简单逻辑一成不变地延续到了21 世纪：选美实际上是一场集促销和娱乐为一体的活动。这项比赛一向是女人参与，男人组织，除了商业广告宣传外，选美活动也传达了每个时代关于美的理念和人们心目中理想的女性形象。它曾被纳粹们看成是颓废的犹太——布尔什维克主义的表达，并以此为由将它禁止。民主德国也将其视为"资本主义的发明"——1990 年在民主德国进行了头一次也是最后一次选美比赛。不过，选美始终间接反映了整个社会的行为准则和价值观念。选美皇后也被看成是她所在国家的代言人，如 1927 年的"德国小姐"和 20 世纪 50 年代"绝妙佳人"。

选美首先是参选者关于新的自我的强烈表达，她们很少纠缠于厨房和家庭的琐事，而是想在舞台上展现独立自信的自我。1932 年胜出的来自土耳其的选美冠军，以及 1999 年和 2000 年两位来自印度的环球小姐都很好地印证了这一点。然而 1996 年在印度班加罗尔也爆发了大规模抗议"侮辱"妇女的游行。这种做法与德国的女权主义者的行为不相上下。70 年代她们指责选美比赛的男评委是在进行"肉检"，甚至向他们投掷猪尾。

"真正的"男人

人们对美丽外表的疯狂追求催生了整型外科和药学工业。但一部分男士仍执著地相信个人锻炼的效果。他们将肌肉练到足以崩裂衬衣，然后抹上油，用几分钟的时间在聚光灯下向人们展示自己的力量。当选环球先生对许多人来说是已经达到了"男人的极致"。不过有些肌肉却只有在药物的作用下才能形成。

"赌场皇后"

1951 年，英国赌场老板埃里克·默里想通过环球小姐选美来提升自己娱乐城的身价。他旗下的选美皇后要竞争来年的"环球小姐"，

1950年的"苏格兰先生"肖恩·康纳利于2008年参加爱丁堡国际电影节

1993年的德国小姐玮罗娜·菲尔德布什

因此他让佳丽们变着花样地吸引人们的眼球，先是沙滩鞋泳装，然后是优雅的晚礼服。不过莫里无缘参加 2000 年 11 月在伦敦举行的选美 50 周年庆典。

选美比赛中的胜出者

肖恩·康纳利

1950 年，这位少妇偶像先是获得"苏格兰"先生称号，随后又获得"环球先生"的荣誉。1956 年开始电影生涯，60 年代开始饰演詹姆斯·邦德。

苏珊娜·埃里克森

1950 年，这位金发的"德国小姐"在美国发展她的模特事业，并随后成功建立了自己的模特公司。

玛格丽特·努克

1955 年，这位"德国小姐"当选 1956—1957 年度的欧洲小姐，并随后开始了她的演员生涯。

薇若娜·费尔德布什

1993 年，这位 1992—1992 年度的"德国小姐"非常健谈，但却经常出现语法错误。1996 年成为当红电视节目主持人。

运动的楼梯

1891 年美国人杰思 .W. 雷诺发明了自动扶梯。由于没有台阶，所以还算不上真正意义上的楼梯。雷诺研制的是一个 25—30 度倾角的上下运动的循环传送带。1893 年，纽约考特兰德大街火车站安装了这样一个运客传送带。直到 1911 年有台阶的自动扶梯才出现。

在 1900 年巴黎世博会上，自动扶梯大受欢迎。人们可以乘坐它轻松地穿过展览大厅。这架扶梯后来安装在了费城的一家商场里。可以看出，商场在运输方式不断进步的过程中扮演了重要的角色。

比起传统的升降机式电梯，自动扶梯在运客数量方面占有很大优势。另外自动扶梯还为商场有效地节省了空间，从而使销售面积明显扩大。1925 年，在科隆的提兹商场已经出现了德国第一架自动扶梯，不过直到二战后，自动扶梯在德国都很少见。

1900年的自动扶梯

直到 1952 年，哈根的一家商场才引进了一架自动扶梯。顾客们纷纷尝试使用这一新的运输工具。有一篇文章这样描写当时的场景："古板严肃的威斯特法伦人围在专门为脚疾病人设置的自动扶梯旁，如同小孩子看木偶戏般欣喜地看着自己的同胞随着扶梯飘移。"

70 年代出现了越来越多的水平客运自动扶梯。这种扶梯主要安装在大型机场或展览大厅中，用来从较远的地方大量运输客人。

传送带

自动扶梯的原理很简单，就是将平板安装在电动循环传送带上。在扶梯的尽头，由于安全原因安装了一种刷子，以除掉梯面上的附着物。早期的扶梯已经可以改变传送带的方向。白天时，它负责把顾客运到楼上。顾客在下楼时可以选择走楼梯或乘升降电梯。商场关门前，自动扶梯再改变运行方向，把顾客们运送到出口。

自动扶梯让生意越来越好

今天，全世界的大型商场都离不开自动扶梯。有了自动扶梯，顾客们可以舒适、安静地游走于商品之间。1898 年，伦敦的哈罗德商场开始使用自动扶梯。1906 年，巴黎的博马赫商场紧随其后。这种设备通过广告宣传被人们熟知，并很快受到喜爱。自动扶梯每小时的运客量可达 4000 人次，而十人的升降电梯在相同的时间内只能运送 1440

哥本哈根地铁
站的电动扶梯

人次。现代自动扶梯每小时的客运量甚至可达 10000 人次。

自动扶梯和升降电梯

运客升降电梯

1852 年，美国人伊利莎·G·奥提斯发明了带有紧急制动器的客运电梯。这为以后建造摩天大楼提供了基本条件。

敞开式自动电梯

1876 年，第一架敞开式自动电梯被安装在一个商场里。今天，这种装置由于安全原因已被禁止使用。

双向自动扶梯

1903 年，世界上第一架双向自动扶梯出现在美国的波士顿。

自动扶梯系统

1993 年，在香港，20 架自动扶梯每天负责把成千上万名乘客从 800 米外的市中心运到太平山的山坡上。

洞穿人体的伦琴射线

1895 年 11 月 8 日，维尔茨堡物理教授威廉·康拉德·伦琴在暗室中测试电子射线时，发现了一种奇观的现象：电子没有穿透黑纸缠绕的玻璃管壁，但玻璃管周围的屏幕上却发出了荧光。

伦琴惊讶地拿着荧光屏靠近玻璃管，这时荧光变得更加强烈。突然他在荧光屏上看到了自己的手骨。很显然，这种不明射线穿透了他的手掌。在随后的几天里，伦琴继续试验，他发现不管是 1000 页厚的书还是 3 米厚的杉木板都能被这种射线穿透。他最终确定这种射线可以穿透一切物质。伦琴把这种射线命名为 X 射线。此后人们对这种神秘射线进行了深入研究，这首先带来了医疗诊断技术领域的革命，比如通过伦琴射线可以清晰地辨认骨折。1897 年，生理学家瓦尔特·卡侬提出，在糊状造影溶剂的帮助下，可以用 X 射线来检查胃肠等体内器官。

X 射线在医学治疗领域也大显身手，它可以治愈溃疡，杀灭细菌和病毒。不过半个多世纪后，人们才认识到密集的射线照射对人体非常危险。后来科学家逐步发现，射线不仅可以通过一定的器械制造出来，宇宙中的天体也不断地发出一些不明射线。人们可以通过 X 射线来辨认许多发出微弱光线或根本不发光的天体，进而对它们进行研究。20 世纪 90 年代的 X 射线卫星，如 ROSAT 就使人们对宇宙有了更加深入的了解。

伦琴射线的发现者威廉·伦琴 （1845－1923）

没有高中毕业的诺贝尔奖获得者

伦琴 1845 年生于德国尼普镇，由于违反学校纪律而没有高中毕业。后来他在苏黎世的一所技校学习，不过最后也没有取得毕业证书。然而伦琴在多个物理学领域，特别是热力学和电学方面都有很新的见解。发现 X 射线后，他开始涉足核物理领域。1901 年，伦琴获得诺贝尔物理学奖，1923 年在慕尼黑逝世。

三维影像

1971 年引进的 X 光断层摄影技术相对传统的 X 射线照射有一定的优势。传统的 X 光只能显示二维图像，而后者则可以显示电脑合成的三维断层图像。另外，这种方式有效地减少了对病人的 X 射线照射。

用 X 光进行科学研究

X 射线被广泛地应用在各种科研领域中。X 光成像可以用来观察晶体物质的结构。在考古和艺术领域，X 射线被用来对一些珍贵物品，

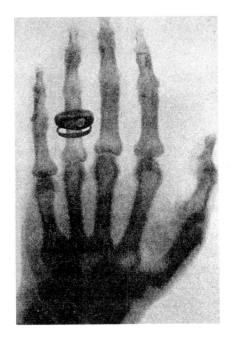

伦琴拍摄的一张X射线照片，伦琴夫人的手骨与戒指。

如木乃伊、画卷等进行分析。另外 X 光显微术也是一个很专业的领域。由于 X 光的波长比可见光短，因此它可以非常清晰的照出极其微小的物质。

医疗诊断手段的改善

显微镜

1655 年，法国人皮埃尔·波尔在显微镜下发现一名发烧病人血液中含有的虫状生物。

听诊器

1816 年，法国医生何内·希欧斐列·海辛特·勒奈克发明了听诊器。医生可以通过它来监听病人体内器官的情况。

内窥镜

1869 年，阿道夫·库斯茅尔发明了配有光源和镜面设备的内窥镜用来检查病人的胃部。

心电图

1896 年，荷兰生理学家威廉·爱因托文发现心电图原理，并记录下了第一张病人的心电图。

电　影

19 世纪人们开始尝试制造"活动"的图片。这种图片可以追溯到 1832 年出现的"诡盘"。"诡盘"是一个锯齿形的硬纸盘，上面按照一定顺序描画着图片。当盘面迅速旋转时，人眼便会感觉图片仿佛真的动了起来。不过，这个小发明根本无法与 63 年后卢米埃尔兄弟的发明媲美。他们发明了一种新的媒体——电影。

1895 年 12 月 28 日，奥古斯特和路易斯·卢米埃尔兄弟在巴黎普新路 14 号的大咖啡馆用电影放映机——一种照相机和投影机的组合体，放映了他们的首场电影《火车来了》。当银幕上出现呼啸而来的火车时，大部分观众都呼喊着逃出放映厅。因为他们认为这辆火车会冲进放映厅，从所有人身上碾过。就这样，人们第一次从银幕上看到了活动的世界，并很快为这一发明而欢欣鼓舞。1896 年初，卢米埃尔兄弟每天就要放映 20 次自己的作品。一年后，他们公布了一份共有 358 部委托放映电影的目录。卢米埃尔兄弟为电影媒体的发展奠定了基石。一战前，电影一般都在集市上放映。到了 20 世纪 20 年代中期，电影已经发展成为最流行的艺术形式之一。在无声电影诞生之后，1927 年出现了有声电影。1935 年又出现了彩色电影。在 50 年代电视机普及前，许多人把去电影院看电影看成一项社会活动。电影经济在那时也得到了蓬勃发展。电影也逐渐成为人们的业余娱乐活动之一，而吸引众多观众观看电影的不再是电影内容本身，而是其中运用的各种特技手段。

出局的无声电影演员

阿尔·卓森没有预料到他给劳动力市场带来的剧烈改变。1927 年身为歌手和演员的他在电影《爵士歌手》中说话了。随后，无声电影逐渐被有声电影代替。许多无声电影时代的明星如阿斯塔·尼尔森，道格拉斯·菲尔班克斯以及玛丽·皮克福特都从银幕上消失了。

真正的发明家

路易斯·卢米埃尔（1864—1948）和奥古斯特·卢米埃尔（1862—1954）出生于法国上索恩省。他们的父亲在里昂经营一家照相馆。1893—1895 年间，两人在父亲的照相馆里发明了一种让图片运动起来的技术。剧院老板吉奥格斯·梅列在看了卢米埃尔兄弟的第一部电影后，一度打算买下这一发明。然而，兄弟二人对获得商业利益并不是很感兴趣，还劝告梅列说："这是一项没有前途的发明。"除了只有几秒钟的纪录片，卢米埃尔兄弟还拍摄了第一部故事片《水浇园丁》。

童年时期的卢米埃尔兄弟

卢米埃尔兄弟

从集市搭台放映到豪华影院

集市上的货摊、马厩、临时居住车、杂货铺，这些都是初期电影的放映地点。20 世纪初期美国涌现出一大批"镍币影院"。当时观看这样一部电影需要一个镍币，也就是五美分，"镍币影院"便由此得名。

1906 年巴黎建立了第一家真正意义上的电影院——奥姆尼亚帕特电影院。24 年后，美国人建立了有史以来最大的电影院，它位于底特律福克斯剧院，能容纳 5041 名观众。90 年代初期，出现了许多多功能影院，可以在大小不等的多个放映厅里同时放映 20 部影片。

电影史上之最

获奥斯卡奖最多的人

1928 年，华特·迪士尼凭借《威利汽船》取得了巨大的突破。这位米老鼠的创造者一共 26 次获得奥斯卡奖，是有史以来获奥斯卡最多的人。

世界纪录

1930 年，此前一直扮演配角的约翰·韦恩在电影《大迁徙》中首次饰演主角。这一角色打破了 140 多项世界纪录。

最长的系列电影

1962 年，在《007 追击诺博士》中，肖恩·康纳利饰演一名密探。这是 19 部 007 系列电影的第一部。007 系列电影是有史以来最长的系列电影。

奥斯卡皇后

1982 年，凭借《金色池塘》这部电影，凯瑟琳·赫本第四次获得奥斯卡影后，迄今为止还没有人能超过她。

米奇的广阔舞台

他长着一对大耳朵，笑起来很夸张，穿着一件黄得刺眼的大衬衣。他就是第一位现代漫画的主人公——黄孩子。1896 年，黄孩子的创作者理查德·奥特卡特产生了一个想法，那就是将人物对白放入对话框中，以便让人们更容易理解故事。

其实在黄孩子之前，美国、英国和德国已经出现一些漫画，如威廉·布施的《马克思和莫里茨》。不过纽约两大报业巨头约瑟夫·普利策和威廉·伦道夫·赫斯特关于黄孩子形象，以及漫画作者的争吵却让黄孩子这个漫画名声大噪。黄孩子的成功也进一步催生了其他一些漫画形象，如"巴斯特布朗"、"小尼莫"。早期的漫画偏重幽默，直到 1929 年才出现第一部以埃德加·赖斯·巴勒的小说《人猿泰山》为原型的冒险漫画。同年漫画家亚历克斯·雷蒙德创作了第一部科幻漫画《飞侠哥顿》。比利时漫画家埃尔热这时也创作了著名的冒险题材漫画《丁丁历险记》。世界最著名的漫画形象——华特·迪士尼的"米老鼠"也在这时诞生。从 40 年代末起，美国报纸上开始出现越来越多漫画连载，如 1948 年由查尔斯·舒尔茨创作的《花生》。比利时和法国逐渐成为欧洲漫画艺术的中心。1955 年，漫画家高斯尼和乌德左共同创作了"阿斯特里克斯"，大获成功。这部高卢英雄漫画被译成 57 种语言在 77 个国家发行，发行总量约两亿八千万。90 年代中期，

1933年时的米老鼠形象

日本漫画涌入市场。Manga（日语中的漫画）这种从后往前读的小册子一时间热卖。日本的漫画出口也在此时创下了销售记录。不过大量涌入的暴力色情漫画也带来了一些负面效应。

动画电影占据银幕

漫画和电影可以很好地结合，二者都是单幅图片的连续播放。此外，也有众多的艺术家从事有关这两种媒体的工作，如"小尼莫"的创造者，美国动画片的创始人之一温瑟·马凯。华特迪士尼的漫画形象以图书形式出版之前也是为动画电影设计的。1945年以后，由漫画改编电影逐渐流行，这时也出现了真人扮演的动画形象，最著名的是1967年简·芳达主演的《太空英雄芭芭丽娜》和1999年杰拉尔·德帕迪约主演的《阿斯泰里克斯与欧拜力克斯对凯撒》。

世界的拯救者

超人是动漫中的重要形象。巴克·罗杰斯是这一形象的代表人物。1938年的"Superman"是六百多个具有超人类力量的动画形象的先驱。一年之后"蝙蝠侠"诞生了。他凭借着强健的体格、智慧和技术装备与坏人顽强斗争。《Superman》与1940年出品的《美国队长》里的人物形象甚至被用在反对德日法西斯的宣传中。从60年代起，动漫影片也开始展现超人们的弱点，如《蜘蛛人》。1992年不可战胜的"Superman"在战斗中牺牲，不过出于商业目的，他在一年后又复活了。

著名动画形象的首次亮相

唐老鸭

1938年，这一年报纸上头一次刊登了这只鸭子的连环画。1942年漫画师卡尔·巴克斯首次发表长篇漫画故事《唐老鸭》。

汤姆和杰瑞

1939年，为动画电影设计的"汤姆和杰瑞"是一只猫和一只老鼠。1942年它们成为长篇动画连续剧的主人公。

《鲁普大冒险》

1952 年，罗尔夫·考卡和多鲁·范戴海德共同创作的这部漫画在德国迅速走红。

《太空英雄芭芭丽娜》

1962 年，让·克劳德·佛斯特塑造了一个叫芭芭丽娜的丰满金发美女。她在公元 40000 年穿越宇宙，并经历了一系列冒险。

奥林匹克运动会

1896 年在皮埃尔·德·顾拜旦的倡议下，奥运会重新召开。一个多世纪后，奥运会成了全世界最重要的体育盛会。然而实现民族和解与世界公正这两个奥运会的最高宗旨却屡屡受到阻碍。另外，运动会也开始逐渐商业化。

"为了体育的光荣，为了本队的荣誉，我们将以真正的体育精神，参加本届运动会比赛"，这是奥运会开幕式上的宣誓词。现代奥运会的创始人皮埃尔·德·顾拜旦是一位人道主义者、历史学家和教育改革家。他希望通过奥运会的复兴来促进民族间的相互理解。能否获得金牌对他来说并不重要，金牌引起的民族主义情绪更不是参加奥运会的目的。为实现这一理想，1894 年顾拜旦发起成立了国际奥委会。一个多世纪以来，奥运会在各种阻碍中艰难前行。刚开始它只是世界博览会的附属活动。比如 1900 年的巴黎奥运会和 1904 年的圣路易斯奥运会。不过奥运会的举办最终顺利延续了下来。除了在 1916 年、1949 年和 1944 年的世界大战期间没有举办。期间一些国家还试图把奥运会变成宣传强权政治的工具，这一直是奥运会面临的问题。不过这种倒退最终没有得逞。今天奥运会已经真正成为世界范围的体育盛事。

逐渐商业化的奥运会

不管是柏林、亚特兰大，还是盐湖城奥运会，取得申办权都会给

奥运会五环旗

当地带来可观的经济效益。"奥运工业"逐渐形成：体育是一种有效的赚钱手段。于是，1981年国际奥委会也放弃了之前不成熟的想法，只有创造纪录才能带来收益，当然也需要付出高昂的代价。兴奋剂事件司空见惯，这种事件在古代奥运会中也经常出现，可见古代奥林匹克英雄们的体育竞赛也不完全"干净"。

古代的奥林匹克运动会

为纪念诸神，早在公元前776年，希腊的奥林匹亚就开始举办运动会。运动项目包括田径、赛战车和拳击。只有男子可以参赛。自公元5世纪开始出现了艺术比赛。获胜者可以得到一个橄榄花环，这个花环也能给他带来可观的收入，甚至一辈子不用工作。古代奥运会每四年举办一次，到公元393年，罗马皇帝狄奥多西以异教徒活动为由禁止奥运会时，它已有1000多年的历史。

奥运会陷入政治漩涡

二战以来，奥运会不断遭到政治抵制。奥运会是全世界运动员友好而非政治的聚会，这个理念在那时无法实现。1956年六个国家因抗议以色列进攻苏伊士运河以及苏联进军匈牙利而联合抵制墨尔本奥运会。1960年南非因种族歧视拒绝参加奥运会。1980年西方国家因苏联进军阿富汗而联合抵制莫斯科奥运会。四年后，大部分东欧集团国家缺席了洛杉矶奥运会。

历届国际奥委会主席

皮埃尔·德·顾拜旦

1896—1925年，在顾拜旦的倡导下，现代奥运会开始举办。顾拜旦也是奥运会五环会旗的设计者。

亨利·德·巴耶·拉图尔

1925—1942 年，他是比利时外交官，1903 年起任国际奥委会委员。经历了 1936 年纳粹统治下的柏林奥运会。

艾弗里·布伦戴奇

1952—1972 年，布伦戴奇坚信必须保持业余运动员的纯洁性，20 世纪 30 年代，他曾关注过受到抵制的芬兰运动员帕沃·鲁米。

胡安·安东尼奥·萨马兰奇

1980—2001 年，西班牙人萨马兰奇在任时推动了奥运会的不断商业化和市场化，同时也为奥运会的职业化铺平了道路。

顾拜旦是现代奥林匹克运动会的发起人，1896年至1925年任国际奥林匹克委员会主席，奥林匹克会徽、奥林匹克会旗设计者。

体育运动的昨天和今天

1896 年，295 个男人聚集到了雅典，他们把奥林匹克这项古老的运动赋予了新生。全世界最大、最有影响力的体育赛事从此诞生了。第一届现代奥林匹克以古代奥林匹克为典范并在全世界推行和平思想。奥运会把自己视为冷战时代的和平斡旋者和国际纷争的调解者。然而它的这一目标最终却没能实现。

在公元前 776 年至公元 396 年间，奥运会便每四年举行一次，运动会期间停止一切纷争。那时获得荣誉和尊敬已经不是参赛运动员的唯一奖励。在标枪、铁饼、赛跑、跳远以及摔跤比赛中获胜的选手，可以得到国家颁发的终生养老金并且受到同胞们的尊崇。观众们也长途跋涉来到赛场观看冠军的颁奖仪式。另外，奥运会还是一项重要的社会活动，它吸引了众多诗人、音乐家等一些热衷于此的人。

军事思想背景

"健康的精神要存在于健康的体魄中"，罗马人很好地继承了这一思想，他们大力发展体育以提高军队的战斗力。在中世纪，最重要的体育赛事要算骑士们比赛灵敏和机智的击剑、格斗和摔跤运动。而普通人则是通过扔石头和摔跤来一决高下。

13 世纪球类运动开始在欧洲逐渐流行：在伦敦，人们醉心于一种叫"足球"的运动。而在法国，一种叫滚木球的运动让人痴迷到无法正常工作。这种运动便是今天保龄球运动的前身。一个运动员的奥林匹克理想和体育运动中的一系列美德：纪律、尊严、友谊、公平能够推动思想的发展和社会生活的进步。这一思想可能最早是在英国的公立学校开始推行的。今天，英国人堪称体育运动中公平竞争的典范。过去在英国，划船、击剑、游泳、马术和球类运动的运动员都是从优秀的军校学生中选拔的。难怪威灵顿将军说，1815 年滑铁卢战役的胜利是在伊顿公学的操场上赢得的。

政治斗争的素材

19 世纪早期，教育家弗里德里希·路德维希·雅恩发起了德国第一场体操运动，口号是"清新、虔诚、愉悦、自由"。由于雅恩把他的体育理想和希望德国统一的理想联系在了一起，导致了体操运动的政治化：1820 年普鲁士以"危害国家安全"为由暂时禁止了这场运动。1860 年柯堡体操节引发了一场体育狂潮。除了强身健体，举办者还把强化国家意识作为体育锻炼的最重要目标。与此同时，体育运动开始在各阶层展开。工人们也建立了自己的体育俱乐部。除了互相竞赛，工人们还寻求在体育中协同合作。而市民阶层的竞赛目的依然是决出最棒的运动员。所有俱乐部运动员都感到自己应为国家尽到相应的义务。

然而民族主义恰好是现代第一届奥林匹克运动会的创始人想要超越的地方：法国人顾拜旦深信，体育可以成为民族和解的工具。他最终让国家首脑和赞助商们赞同并支持了他的想法。在雅典开幕的现代第一届奥运会并没有在国际上引起很大反响。1900 年和 1904 年的奥运会只是世界博览会的附属活动。之后奥运会的影响不断扩大，今天它已成为全世界最重要的体育盛事，并对其他体育赛事产生了深远影响。随着奥运会的举办，世界记录不断从各种项目中诞生，而观众也和运动员一样，对体育运动有着重要作用。

奖牌背后的阴影

20 世纪 30 年代前，大型体育赛事的负面效应便频频爆发。1936 年，纳粹政权挟持奥运会，以爱好和平的面孔欺骗世人。50 年代和 60 年代的运动员更多地是代表着某种政治意识形态来参加奥运会，而不是作为自己国家的体育使者。他们把国家间的政治冷战带到了体育领域。奥运会被政治所利用的悲剧情形在 1972 年的慕尼黑达到了顶峰。那次奥运会期间，巴勒斯坦恐怖主义者将以色列队运动员劫持后杀害。这之后奥运会便不断受到抵制。

此外，奥组委也深陷受贿和裙带关系丑闻之中。频繁出现的兴奋剂事件表明，运动员们在出征前面临巨大的压力，因为不管是观众、组织者还是赞助商，最看重的还是记录和奖牌。

身体健康　精神焕发

参加大众体育活动的人们追求的往往主要不是破纪录，而是体育运动的乐趣。厌倦了无聊生活的人们更愿意从事一些极限运动，例如蹦极、乘橡皮艇在湍急的水流中穿过狭窄的山谷、不加安全措施进行攀岩、骑山地车到人迹罕至处等。这些运动都为生活增添了激情。

体育可以强身健体，这对很多人来说非常重要。从 70 年代起，体育界又开始遵循一个古老的激励因素：在世纪之交，"健康的精神存在于健康、美丽的体魄中"这句老话又重新为人们所追捧。因此，每天便有几百万人开始在健身房和慢跑跑道上锻炼身体。另外人们也记住了顾拜旦曾说的一句话："不管是职业运动员，体育俱乐部成员还是和朋友一起从电视上关注体育赛事的观众，对于所有人来说，体育可以联结一切。"

老虎机带来的发财梦

1849 年旧金山兴起的淘金热也催生了那里的博彩业。如淘金一样，人们也梦想着能在赌桌前发财。受到美国西海岸疯狂岁月的熏陶，1897 年德国移民查理·费发明了一个叫"独臂土匪"的赌博机器。20 世纪 30 年代博彩业繁荣时期，查理·费甚至被称为"发明赌博机的爱迪生"。

查理·费花费了四年时间研制出了"角子老虎机"。取这个名字的原因是，在多数情况下，玩家的钱币投入机器后便一去不复返。出于对新家乡的热爱，查理·费又根据美国费城自由钟的名字将他的机器命名为"Liberty Bell"（自由钟）。这台机器的原理很复杂，不过要想赢钱只需一样东西，那便是运气。操作这台机器既不需要知道任何规则，也不需要通晓当地语言，只需投入一枚硬币，然后拉下手柄，机器上的三个卷轴就会开始转动，如果出现特定的图形，就会吐钱出来。"自由钟"取得了巨大的成功。然而，查理·费的这个发明并没有给他带来太多的幸运。1906 年，他的工厂在旧金山的大地震中毁于一旦。1907 年，银行破产使他失去了所有的现金。紧接着有人盗走了他的机器并进行了复制。他的垄断地位从此被彻底摧毁。1911 年，赌博在加利福尼亚受到禁止，制造赌博机也要受到惩罚。查理·费在暗地进行赌博机交易时被捉获。这位旧金山海岸的淘金者从此消失了。

拉斯维加斯：赌徒们的麦加

1935 年胡弗大坝完工后，内华达沙漠从此有了充足的水和电。不过，这里施行的另一项规定似乎更加吸引人，那就是内华达州在 30 年代将赌博合法化。于是黑手党头子布格塞·西格尔于 1944 年在工人聚居区拉斯维加斯建立了一家赌场。之后众人纷纷效仿。不久，拉斯维

老虎机旁的赌客

1915年代的老虎机

加斯就变成了有名的赌城。80 年代这里出现了许多庞大的主题酒店，专门提供给那些到此寻求刺激和放松的度假者。

沉迷于赌博之中

　　赌博自古就有，赌博带来的后果也必须由人承担。罗马史学家塔西图曾惊叹于日耳曼人赌博的激情。他们可以为此倾家荡产，甚至甘愿在余生与人为奴。俄国作家陀思妥耶夫斯基沉迷于赌博，他曾几次在威斯巴登的赌场输得精光。在他的著名小说《赌徒》中，托思妥耶夫斯基真切地描写了赌徒们的信念。他们坚定地认为下一张牌或下一个色子将会让他们彻底翻身。陀思妥耶夫斯基不得不很快写完这部作品，因为他身上的现金连同预支的下一部小说的稿费都已经输在了赌场上。

"独臂土匪"的神话

　　由于机器上一侧的拉杆，人们也把赌博机称为"独臂土匪"。另外一个原因是，自 20 年代起，美国的博彩业被黑手党控制。虽然经过多次技术改进，拉杆已经是一个多余的东西了，但仍被保留在机器上，它象征了移民们的发迹史：谁抓住了机会，便会得到一份幸运。

赌博机发展史

自动下象棋机

1769 年，它在当时被认为是一台技术杰作。其实，这台机器内部藏有一个负责走棋的人。

自动置色子机

约 1870 年，代替人工置色子的自动置色子机在德国面世。玩家根据置出的色子点数来获得一个筹码。

"猫头鹰"

1897 年，查理·费发明老虎机后，在芝加哥也出现了一种带有猫头鹰标志的转盘赌博机。

旅馆赌博机

1950 年，德国的一些旅馆安装了被称为"脱水机"的投币赌博机。

第六部分　技术化时代的来临

（20 世纪）

勇敢的飞行家

　　一直以来，莱特兄弟都被公认为驾驶机动可操控飞行器的飞行先驱。不过近年来，技术史家们的观点有所改变。他们把这一荣誉给了德裔美国人古斯塔夫·威斯科普夫。在他的第二故乡美国，人们称他古斯塔夫·怀特海德。1901 年，怀特海德便首次驾驶引擎飞机飞行，比怀特兄弟早了两年。

　　怀特海德当过五金工和水手。他曾在柏林与滑翔机先驱奥托·雷宁塔尔一起试飞。1901 年 8 月 14 日，在二十多个目击者的注视下，怀特海德驾驶着他制造的第一架单引擎飞机缓缓起飞。之前，他也为这次飞行做了充分的准备，曾经先后制造了 19 架滑翔机、一架蒸汽驱动飞机和一台适用于飞行的汽油发动机。1902 年 1 月 17 日，他的第一架引擎飞机完成了一次 7 英里的可操控飞行。这架引擎飞机已经具有许多后来飞机的特征。它拥有封闭的机身和起落架，驾驶座旁还带一个乘客座位。

古斯塔夫·怀
特海德

1903 年 12 月 17 日，莱特兄弟才在美国完成了他们的首次可操控引擎飞机的飞行。飞机只飞行了 36 米，持续了 12 秒的时间。不过后来兄弟二人制造的"飞行者一号"飞行了更远的距离。后来莱特兄弟在法国的一次广告宣传活动中首次推介了他们的飞机。此后世界各地，特别是欧洲涌现出了大量业余飞行员。1909 年还举行了首届国际飞行大赛。十年中，民用和军用航空取得了长足的进步。

二战后，航空技术的发展极大地推动了飞机制造技术的改进。雷达、卫星定位、飞行安全及气象服务，为航行提供了保障。电脑控制的空气动力学检查也大大提高了机身的安全性。同时，由于新材料的使用，飞机也变得更加轻便、快捷、节省能源，当然体积也更大一些。

超音速飞机暂时代表了巨型喷气式飞机发展的高峰。苏联的图 144 和法国的协和式超音速飞机，分别于 1968 年和 1969 年试飞成功。1976 年协和式超音速飞机首次执行巴黎到纽约的航班，航程耗时 3 个钟头。

飞机迎来第一批乘客

1909 年 7 月 25 日，路易斯·布莱里奥驾驶单翼飞机飞越英吉利海峡后，引擎飞机逐渐被社会接受。四年半后，在美国的圣彼得斯堡和弗罗里达之间开通了第一条飞行航线。一战后，欧洲也纷纷出现了许多类似的民用航线。许多战斗机被改装成邮政飞机。1919 年 3 月，法国的法曼公司首次开通了国际客运航线。

轰炸机带来的死亡和痛苦

1908 年，应美国国防部要求，莱特兄弟于 8 月在法国进行了一次飞行表演。这一事件引发了世界媒体的高度关注。

一战中使用的轰炸机在战争史上首次给战线后方平民区造成了伤亡和破坏。因此，军方对这种武器的需求急剧上升。仅在战争的最后

古斯塔夫·怀
特海德与他的
飞机

十个月，英国就制造了约 27000 架歼击机和轰炸机。1939 年，德国人恩斯特·海因柯尔成功研制了涡轮喷气发动机后，高速运转的喷气式发动机便在二战中代替了传统的活塞式发动机。海因柯尔在同一年还发明了火箭飞机，不过当时技术还不够成熟。

永远的飞行梦

早在 13 世纪时，一个叫罗格·巴克恩的僧侣就设想制造一架飞行器。之后人们就进行了一系列冒险试验：1503 年，意大利学者 G·B·旦提驾驶的自制飞行器不幸坠毁。1507 年，苏格兰人约翰·达米安重蹈覆辙。著名画家达·芬奇也对飞行问题进行过细致的思考。另外，据说在 1780 年，东欧一个叫科普里安的僧侣曾从山顶滑翔到了山谷。69年后，英国人戈里高尔·凯利制造了三角帆，并让一个年轻人驾着它滑翔。1891 年，奥托·雷宁塔尔制造了第一架空气动力学滑翔机，这是早期飞行器制造的转折点。

飞机制造技术发展历程

水上飞机

1910 年，法国飞行员亨利·法布莱尔成功驾驶水上飞机飞行。这架机器可以在水面起飞和着陆。

全金属飞机

1915 年，德国制造了第一架全金属外壳飞机——容克 J1。胡戈·容克制造的这架飞机最高时速达 170 公里。

大型喷气式飞机

1969 年，第一架喷气式飞机波音 747 于当年二月首次航行。这架长 70 米的飞机最多可运送 385 名乘客，最高时速达 930 公里，最高飞行高度可达 13000 米，最大航程 8000 公里，起飞时的最大重量达 350 吨以上。

吸尘器

1901 年，第一台电动吸尘器在欧洲问世。它在那时绝对是个新鲜事物。然而，没有人知道吸尘器这种东西之前在美国已经出现。1869 年，麦克加菲在芝加哥向世人介绍了一款结实、轻便的机器，它几乎具有吸尘器的所有特征，只是缺少一个电机。

麦克加菲发明他的"旋风"吸尘器后 31 年，电动吸尘器才问世。然而这时的吸尘器变得笨重不易携带。于是欧洲人便开始思考用其他的方法除尘。1901 年，英国铁路部门试图用压缩空气来除尘。不过这种人造风只能将灰尘吹起，却不能将它们彻底消除。塞西尔·布司目睹了这个实验的失败。他认识到灰尘是吹不走的，只能吸除。于是他研制了一台电动真空吸尘器。不过布司的这款机器只在马车和小居室里适用。1914 年左右，在布司想法的基础上诞生了欧洲第一批家用吸尘器。这些机器重约 30 公斤，而且贵得要命。此后，吸尘器领域的重要发明都起源于美国。1920 年，技师莱普洛格勒发明了过滤纸袋和导引空心杆。自 1924 年起，伊莱克斯公司开始生产罐式吸尘器。1936 年，带有水过滤器的无尘袋吸尘器问世。今天的吸尘器变得越来越轻便，功能也日趋强大，并且大多数都带有电子吸力操控系统。

家用吸尘器的发展

20 世纪和 21 世纪之交，家用吸尘器在美国得到了很大发展。世界上第一台商用机器是 1905 年的"皇家真空吸尘器"，重约 20 公斤。1909 年以后，吸尘器的重量逐渐减轻。这时的机器外壳坚固，电机运转快速，功能也逐渐强大。不久以后出现了两种在今天也很熟悉的基本类型吸尘器：一种是吸管、吸嘴与机器分离的卧式吸尘器，另一种是吸嘴、吸管与机身合为一体杆式吸尘器。1920 年左右，美国市场的竞争已经很激烈。六家生产商每天可以生产一万多台机器。

1906年的真空吸尘器

老生常谈：水过滤吸尘器

水过滤吸尘器，这种多年来备受吹捧的新鲜事物实际上并不是什么新玩意儿。早在 1906 年，美国人吉姆科尔贝在经过数月实验后，已经制造出了这种机器。不过一年后他改变了想法，用织物过滤袋替换了水过滤器，原因是脏水很难清洁。在随后的几年里，吸尘器制造商一直在用水过滤器进行试验，因为它不易堵塞，可以使吸尘器一直保持较强的吸力。今天水过滤吸尘器又开始流行，这首先与许多人易患过敏症有关。水过滤器可以更好地消除尘螨。

吸尘器技术领域的先锋

P．A．盖耶公司

1905 年，该公司首次推出了商用电动"皇家真空吸尘器"。1937 年又推出了首款手持吸尘器"皇家王子"。

威廉·H·胡福

1908 年，詹姆斯·M·斯邦勒得到胡福公司的财政支持，开始生产吸尘器。1909 年，胡福公司已经可以生产各种技术完备的吸尘器产品。

埃尔卡公司

1909 年，弗莱德·瓦德维尔在底特律建立了艾尔卡公司。几年后，该公司成为吸尘器领域的领头羊。1945 年，该公司推出了第一款电池驱动的自动吸尘器。

伊莱克斯公司

1912 年，该公司的创立者阿克塞尔·维纳·格伦推出了第一款吸尘器"LUX"。从 1926 年起，这家公司开始在欧洲投产。

环法自行车赛

1903 年 6 月 30 日晚，60 名自行车选手聚集在巴黎《机动车》杂志社。当时气氛很凝重，因为第二天早上他们就要出发，骑行 19 天，全程 2428 公里。这次活动只是一个昂贵的营销手段。不过也就是在这时，他们酝酿了第一次环法自行车赛。

1903 年，《机动车》杂志的主编亨利·德斯格朗吉策划第一次环法自行车赛的目的，原本只是为了与另一家杂志《自行车》竞争市场份额。这次比赛和后来的一系列环法自行车赛基本上没什么联系：一名选手两个月前才学会骑自行车，另一名选手称参加比赛的目的仅是为了参观一下巴黎。这次活动只划分了六个赛段，选手们日夜兼程，最后，巴黎人毛瑞斯·盖利获得了冠军。不过亨利·德斯格朗吉组织的环法自行车赛，不久便发展成了世界上最大的体育赛事之一。

在接下来的日子里，德斯格朗吉和他的同伴在组织比赛时不断加大难度：1906 年，比赛的路

2005年的环法自行车赛

线首次改为翻越弗格斯山脉中的一座小山。 四年后翻越比利牛斯山脉山峰的路线更加艰难，以致于法国明星选手在艰难地完成比赛后向组织者大喊："你们简直在谋杀！"其实比起艰难的攀登，选手们更加害怕技术故障。因为他们在整个比赛中必须一直使用同一辆自行车，即使遇到麻烦时也不能求助外力。

阿姆斯特朗骑行在2004年环法的序幕赛中

纪录保持者

战后比利时人埃迪·墨克斯，法国人雅克·恩奎蒂尔和西班牙人迈格尔·安杜兰是这期间最闪亮的明星。三人均在比赛中五次夺冠。安杜兰甚至从 1991 年到 1995 年连续拿到冠军。"汉尼拔"埃迪·墨克斯则保持了另外一个纪录：在他七次参赛过程中共赢得了 35 个赛段。三人也均在环意大利自行车赛中获胜。安杜兰还获得了特别的头衔：1996 年奥林匹克冠军。

从普通脚踏车到高科技比赛用车

法国传奇自行车手欧仁尼·克里斯托夫在 1913 年比赛途中，被汽车撞下山沟，车叉也被撞断。他扛着自行车跋涉到 14 公里外的村庄才找到修车铺。按规则他还必须亲自动手，结果花了四个小时才把车叉焊好。最后他获得了第七名。这种倒霉事，在今天配备了防撞防碎自行车的比赛中不会发生了。一旦出现故障，各自车队在附近的材料车便会马上赶到进行救援。现代比赛中，自行车的重量也比以前轻了不少，大约只有 7 公斤，是之前的三分之一 。

兴奋剂事件

1998 年比赛前夕，海关人员在一个飞士天队教练员的车里发现了兴奋剂，组委会随即停止了飞士天队的比赛。该队五名选手承认服用了违禁药物。另外五个车队也因遭到怀疑而退出比赛。由于这次兴奋剂事件，许多国家，包括法国和意大利都加强了反兴奋剂法。如何更好地控制兴奋剂的使用也被提上日程。

环法自行车赛之最

最长的赛程

1926 年，参赛选手必须骑完有史以来最长的 5795 公里赛程。七年前最长的赛段仅有 482 公里。

参赛次数最多的选手

1970—1986 年，除 1973 年外，荷兰选手祖普·组特迈尔克从 1970 年至 1986 年共参赛 16 次。

最微弱的领先

1989 年，美国人葛利高·雷蒙德在经历了 23 天 3267 公里的骑行后，仅以 8 秒的微弱优势战胜法国选手劳伦特·菲格诺获得冠军。

最快的速度

1999 年，环法赛中平均速度最快的是美国选手阿姆斯特朗，达每小时 40.276 公里。

快餐之王——汉堡包

在 1904 年圣路易斯的世界博览会上，《纽约论坛》对一种夹着芥末洋葱炸猪排的小面包大加称赞，"汉堡包"从此声名远扬。几年后，汉堡包成为美国各地最受欢迎的食品，并成为快餐食品的代名词。今天它已成为美国饮食文化的典范。

汉堡包的起源备受争议，最流行的一种说法是，它起源于中亚的塔塔尔族，他们以剁碎的生牛肉为食，这种饮食习惯在 14 世纪由波罗的海地区传到德国，可能是先到了汉堡。人们在碎牛肉里添加佐料和鸡蛋制成了"塔塔尔牛排"。另一种说法是汉堡人喜欢腌制生肉，然后进行煎烤，最后制成了"油煎肉饼"。由于大多数移民经由汉堡离开欧洲，因此专家们在"油煎肉饼"取道汉堡转入美国这一点上观点是一致的。但肉饼如何夹进面包，却不得而知。

汉堡包

在汉堡，将煎猪肉放在面包里吃是很普遍的。据说，1885 年一个叫查理·纳格林的年轻人，为了不使顾客的手油腻而将肉丸塞入面包中的，从此便出现了汉堡包。它方便携带，人们可以站着用一只手拿着吃，而且它包含了快餐中所有必要的食物，如肉、面包，以及黄瓜、沙拉或西红柿等富含维他命的食物。第一家汉堡包连锁店——白城堡 1921 年建于堪萨斯州的维基塔。这家店的热销品是 1 美元 20 个一袋的汉堡包。

麦当劳的成功故事

1939 年，麦当劳兄弟在圣贝纳迪诺创建的汉堡包餐厅为他们创造了销售记录。50 年代他们与雷·克洛克的餐厅合并。后者不久之后全面接管了餐厅，并于 1955 年在伊利诺伊州的德斯普兰斯开设了首个麦当劳餐厅。麦当劳成功的秘诀便是可靠的质量和配料，每家麦当劳餐厅都如此，不管是在洛杉矶，还是在 1990 年后的莫斯科。

汽车餐厅

罗本·杰克逊和 J·G·科尔比认为，有汽车的人不愿意下车吃东西，于是他们把自己的三明治小吃部改成了第一家汽车餐厅。1921 年开车来麦当劳，在汽车中进餐开始在得克萨斯州的达拉斯流行。这个创意迅速传播，不久后餐厅里还出现了轮滑服务员。50 年代，汽车餐厅的时代渐渐结束。1970 年，一个汉堡包连锁店设计了取食物窗口：顾客可以从一个窗口中将他们打电话订的食物取出然后放进车里。

时代变迁中的小吃和快餐食品

三明治

18 世纪，这种食物起源于一个名叫约翰·蒙塔古的人，他酷爱玩纸牌到了废寝忘食的地步。仆人很难侍候他的饮食，于是便将一些菜肴、鸡蛋和腊肠夹在两片面包之间，让他边玩牌边吃饭。

速食汤

1875 年，海因里希·科努将速食汤带上市场。1900 年，尤里斯·玛吉研制出了干的蔬菜汤料。

自动售饭机

1902 年，在美国费城出现了自动售饭机，只要投币就可以从机器中买到做好的食物。

咖喱香肠

1949 年，柏林的赫塔·豪沃调制了一种酱汁，并将它浇在切段的烤香肠上。

告别搓衣板时代

虽然 20 世纪初期已经有了洗衣机，不过那时的洗衣机都是机械式的。1906 年，第一个发电厂运营后不久，来自芝加哥的阿尔瓦·约翰·菲舍发明了第一台电动水平滚筒洗衣机，并给它取名为"图尔"。

菲舍的发明并没有引起很大反响，人们洗衣服时主要还是靠木桶、洗衣盆、搓衣板、刷子等工具。20 世纪初出现的机械式洗衣机也只有很少的家庭拥有，因为使用这样一台机器至少需要两个人。说明书中要求："将衣物放入机器后，关上洗衣机，然后两个人连续从右至左来回转动机翼十分钟……"电动洗衣机很明显地减轻了人的劳动，不过使用前衣物要先经过浸泡和冲洗。许多衣物不能用洗衣机洗。大概从 1914 年起，人们开始在机械洗衣机中安装简单的电机。20 年代又出现了吸盘洗衣机，衣物被放在一个圆柱形桶中，并通过吸力和压力装置上下运动。50年代滚筒洗衣机取得了一定突破。不过家用洗衣机领域的真正突破是60年代初的自动程序电动洗衣机。1965年左右的悬鼓技术和自1972年以来的间隔旋转技术，使洗衣机的技术日趋完善。80年代，带有甩干箱的全自动洗衣机上市。

早期的木制手摇洗衣机

古老的洗衣方式

古代埃及人很重视清洁。"浣衣官"是法老的重要侍从，他们的工作程序非常严格，衣物首先要经过敲打、洗涤后再冲洗、晾干。在此过程中，他们还要使用从蓖麻油和硝酸钾中提炼的碱作为洗涤剂。在希腊，人们则使用从水中煮出的钾碱作为家用洗涤用品，洗衣房一般用从尿液中提炼的氨。因此，洗衣房门口经常会放置尿桶来收集行人的尿液。

洗衣粉诞生

1907年6月6日，德国汉高公司引进了"世界第一款全自动洗衣粉"——宝莹。该公司从1876年起便生产粉状洗涤用品和基于硅酸盐的通用洗涤剂。宝莹的成分与普通肥皂没什么区别。1957年，汉高又推出了迪克仙无泡洗衣粉。60年代中期，出现了许多专用洗衣粉，比如化纤衣物洗衣粉、纯棉衣物洗衣粉或彩色衣物洗衣粉等。

电脑操控洗衣机

从电动洗衣机到全自动程序洗衣机，中间经历了数个过渡阶段。60年代的洗衣机中装有步骤控制器，它控制着注水、浸泡、洗涤和排水各个阶段的顺序。70年代，人们可以根据不同材质衣物选择洗涤程序。今天的全自动洗衣机拥有一个存储洗涤过程的电脑芯片，它操控洗衣机从放置衣物，注水到甩干的一系列程序。

洗衣机的早期历史

"工业洗衣机"

1691 年，工程师约翰·图彩克获得了英国新型洗衣机的专利权。这是一种手动机械洗衣机。衣物要在手柄上方的滚筒中来回旋转，这个工作需要几个工人来完成。

小滚筒

1782 年，伦敦室内装潢师亨利·齐德格尔在一个六棱槽中放置了一个带有手摇柄的旋转滚筒，这就是滚筒洗衣机的雏形。

滚筒洗衣机

1858 年，美国工厂主哈米尔顿·史密斯制造了第一台手动滚筒洗衣机，内部装有一个垂直滚筒和一个搅拌机。

用无线电收听世界

1906 年圣诞夜，纽芬兰海岸船上的话务员们都吓了一跳，他们的耳机中忽然传来幽灵般地朗读圣诞故事的人声。这声音原来是加拿大物理学家理基纳德·阿波利·法森顿在美国的实验室里，通过一根 130 米高的电线杆向全世界发射的无线电信号。

法森顿的发明得益于通过无线电波传送信息的无线电报，不过那时的电报不能长距离传播信息，而法森顿的突破基于一个带有高频转换电流振荡器的发射器，用它向四面八方发射同频率的连续电磁波。电磁波的振幅受到它所承载声音频率的影响。同年，美国人弗里斯特和奥地利人罗伯特·冯·理本也分别独立发明了无线电波放大器，使这种技术取得了显著进步。

1907 年 2 月，弗里斯特就向纽约定期发送测试节目。从此以后无线电广播迅速发展。13 年后，位于彼得斯堡的电台也首次开始发送节目。1922年，美国约有60000台接收器，到30年代末，数量上升到2750万台。有五分之四的美国家庭每天收听无线电广播。在德国，1924年仅有10万听众，而1934年上升到了500万。

　　二战后无线电开始普及。1954年出现了晶体管收音机，它的体积小，性能可靠，价格便宜且便于携带。不过进入50年代后，无线电收音机开始面临来自电视机的强烈竞争。

1887年德国物理学家赫兹用实验证实了电磁波的存在

大众宣传工具

　　作为新出现的媒体，无线电很快成为政治宣传的工具。纳粹宣传部长戈培尔称："收音机是最现代、最重要的大众宣传工具。"为扩大听众数量，纳粹上台后不久，出现了所谓的大众收音机。不过，人们通过一些禁止收听的外国电台也能或多或少得到一些真实的战况。

未来的无线电技术

　　未来无线电技术被称为数字音频广播，它的重要特征是音质优良、容易接收、操作简便。与模拟无线电相比，数字无线电可以提供众多附加服务，因为通过数字技术不仅可以传输音频，还可以同时传输文本和图像。90年代末，几乎所有的无线电领域都开始用数字音频技术替换模拟技术。转换初期，节目主要通过超短波传送。无线音频广播试验至少在十个联邦州进行。2003年，无线音频广播的转换最终完成。

无线电转播体育赛事

　　随着20年代无线电台的建立，实况转播迅速增多，主要转播体育赛事。如在1922年和1923年，电台就对职业拳击赛进行了转播。对体育赛事的转播也最终促使了收音机在欧洲的普及。1930年左右，收音机也成就了第一批媒体明星，他们是美国拳击手杰克·德姆普塞、简·图尼和德国重量级运动员马克思·什梅林。

1930年代的台式收音机

1950年代的台式收音机

无线电技术的里程碑

发现无线电波

1888年，德国物理学家亨利希·赫兹发现了电磁波。这是无线电技术的基础。

无线电时代来临

1894年，意大利人马可尼制造出可以发送信号的发射器。

更好的质量

1896年，马可尼首次用超短波做实验，因为超短波处于高频领域，许多电台可以用它转播高质量节目。

立体声音乐

1961年，美国播放了第一个立体声节目，这种节目至少由两个不同的麦克风记录。

空中的杂技演员——直升飞机

前飞、后退、侧身飞、垂直起飞及降落、悬浮于特定地点，这些目标不断挑战着一代代直升飞机的制造者。从模型飞机到可执行任务的真正飞行器跨越了近150年的时间。1907年，法国人保罗·科尔尼研制了第一架可以"自由"飞行的直升飞机。他的同乡路易斯·布雷盖也在同年制造了一架名为"旋翼机一号"的直升机。不过，这架直升机必须通过栓在地面上的缆绳来保持平衡。

保罗·科尔尼
与他的直升机

　　科尔尼的直升机带有两副旋翼，如同一辆"飞行的自行车"。它载着 18 公斤重的发动机在很短的时间内飞离地面 30 厘米，着陆时不幸坠毁。1923 年，西班牙人胡安·德·拉·西尔瓦的旋翼飞机更加稳定了。这架机器通过安装在前方的螺旋桨获得推力，通过带有活动叶片的旋翼在气流中的旋转获得升力。1928 年，西尔瓦甚至驾驶这架直升机横穿了英吉利海峡。不过，这之后又过了足足一百年，才出现了发动机驱动旋翼的"真正的"直升飞机。这种直升飞机有一个巨大的主旋翼，机身前部是驾驶舱，尾部还装有一个螺旋桨。问题在于，产生升力的旋翼同时也会产生推力，这样很容易造成机身摇晃。1936 年，德国人海因里希·福克在他的直升机上安装了旋转方向相反的两个旋翼来稳定机身。1939 年，美国人伊戈尔·西格斯基又在机尾加上了一个与飞机横轴相连的小螺旋桨，这架飞机模型最终实现了直升机制造上的突破。

防止直升机打转的秘密

　　通过铰链固定在旋翼上的活动叶片可以"切分"气流，这便是直升飞机的所有秘密。这些叶片在外形上与普通飞机的固定机翼相似，它们可以根据气流变化不断变化角度，从而使直升机获得升力。如果升力与机身自重相等，那么直升机就会悬浮在某个位置。当机尾螺旋桨叶片的冲角增大或减小时，整个旋翼便会倾斜，这时机身便会得到向前或向后的推力。当直升机要侧身时，尾部垂直旋转的螺旋桨就会反转过来，这样一来就有效地防止了机身绕机轴打转或摇晃的情况。

1907年，法国人保罗·科尔尼与他的直升飞机。

灵活快捷地到达目的地

直升机擅长执行紧急任务。它可以悬浮在目标上空，能够准确着陆，机动性也相当好，因此被广泛地应用于交通监察、失踪人员搜救、嫌犯追捕，以及矿山、航空和航海救援等领域。许多政客和工业家在出差时也喜欢乘坐直升机。军事上，战斗和运输直升机被用来运输军队。另外，直升机还尤其擅长在环境复杂的地区进行侦察和发动突然袭击。

"蜻蜓"和"飞行车"

很早以前达·芬奇就认为，快速旋转的旋翼叶片可以产生升力。不过，他绘制的螺旋桨草图直到300年后才被人们发现。1784年，法国人福根斯·比努就发现了早在2000多年前，中国人用鸟羽制成的类似螺旋桨的儿童玩具。这个叫"蜻蜓"的玩具启发了英国工程师格里高尔·凯利，他分别在1796年和1843年设计了旋翼飞行器和"飞行车"。这之后，又出现了人力、蒸汽或皮带驱动旋翼飞行器。这些发明逐渐推动了空气动力学领域的发展。1871年，意大利人恩里克·弗兰尼尼制造的蒸汽驱动直升机模型可以飞行20秒，最高飞行高度达到13米。

著名的直升机制造师

路易斯·布雷盖（1880—1955）

这位法国直升机制造先驱和企业家，制造了旋翼直升机和螺旋桨直升机。1936年，他还制造了时速达110公里的快速直升机。

伊戈尔·西格斯基（1889—1972）

这位曾经制造过飞机和水上飞船的工程师，设计出了今天的直升机的外形。另外，他还研制了用于载重运输的大功率直升机。

海因里希·福克(1890—1979)

1936 年，福克制造了第一架可以执行任务的福克——乌尔夫 61。1939 年，他和盖尔特·阿希格里斯一起制造了巨型直升机 FA 223。

劳伦斯·贝尔（1894—1956）

这位贝尔航空公司的总裁，于 1942 年制造了他的第一架直升机。此后不久，该公司推出了贝尔 47G 型直升机，1947 年又推出了 X—1 火箭飞机。

电视机时代到来了

第一位电视明星是一个叫"比尔"的木偶。1925 年 3 月，苏格兰人约翰·洛吉·贝尔德在伦敦通过扫描这个木偶的图像，第一次将电子机械系统运用到了电视转播中。这次试验得到的仅是简单模糊的图像，不过它却预示了电视机时代的到来。

1932 年，美国已有 35 家试验电视台开始播放节目。不过德国却是世界上首次规则播放电视节目的国家。1935 年 3 月 22 日，黑嘴唇、绿眼线，头发上撒满金粉的演员乌苏拉·帕茨什克在演播室里首次与观众见面。乌苏拉身上这些眼花缭乱的颜色形成了鲜明的对比，不过显示效果却差强人意。1953 年，美国研制的 NTSC 彩色电视制式也产生了强烈的色彩失真。观众们在电视中看到的是绿色或紫色的人脸。1957 年，法国的 SECAM 制式在这方面有所改善，它与六年后出现的德国瓦特·布鲁赫的 PAL 系统分割了欧洲市场。

60 年代，随着电视的不断普及，暴力和色情内容也开始充斥，这种媒体的负面作用开始显现。电视也对政治产生了深刻的影响。通过电视转播，人们看到了美国军队在越南战争中滥杀平民的场景，于是拥护越战的人开始减少。这迫使当局在后来加强了对电视媒体转播的控制。今天，电视已成为人们接受信息和进行娱乐的首要媒体。

1948年代的电视机

1948年产的12英寸Philco电视机

1951年索尼为美国市场生产的第一台电视机，规格为8英寸。

法国人Rene Bartholemy在1929年设计"Semivisor"电视机

电视直播

1936 年，德国的首件大事便是通过电视转播了柏林奥运会。不过那时两米多长的摄像机太过笨重，转播的图像质量也不令人满意。应公众要求，1953 年 6 月 2 日，英国女王伊丽莎白二世在伦敦的加冕仪式，首次通过电视向 2200 万欧洲观众直播。1969 年 7 月 21 日，全球五亿观众通过电视直播，观看了第一次登月活动。自 1962 年投入使用的通信卫星，使转播这些大事件成为可能。

电子成像

早期的电视被称为机械扫描电视，它们都带有"尼普科夫圆盘"。光束可以通过圆盘上的小孔将图像分解为一个个像素，不同明暗的像素被一个感光元件接收，感光元件再把这些不同明暗的像素投射到接收机，即第二个"尼普科夫圆盘"，这样人眼就可以看到完整的图像。20 世纪 30 年代，基于美国人斯福罗金摄像管技术的电子成像技术有了很大突破。电子成像是先将图像逐行转换成电子脉冲，然后在接收器上成像。1930 年左右，这些图像只能被分成 30 行，而今天可以达到 1250 行，清晰度不可同日而语。

选择的痛苦

电视是国家政权的宣传手段。美国从一开始就致力于发展私人电视台，而 1945 年后，欧洲国家的电视在公共、合法的口号下选择了另外一条道路。在德国，1984 年市场逐渐开放后，私人电视台才逐渐出现。观众此时可以有几十个选择，不过这种多样化也使节目质量很难保证。

电视技术发展的重要里程碑

室外转播

1936 年，人们用可移动摄像机首次进行了室外电视转播。这为以后的现场直播奠定了基础。

全电子电视

1939 年，美国广播公司用全电子电视播放了罗斯福总统的讲话。

晶体管电视

1960 年，日本索尼公司首次推出晶体管电视，取代了电子管电视。

立体声电视

1981 年，世界第一台立体声电视在柏林展出，从此电视实现了立体声。

通往休闲社会之路

业余时间是人们可以自由支配的时间，它不受工作和其他事务的约束。在 20 世纪之前，如果不是特权阶层，普通人除了星期天和一些节日外，几乎没有空闲的时间，人们每天要工作十二小时以上，根本谈不上什么娱乐。德国从 1919 年 1 月 1 日开始施行八小时工作制，这被看成是社会发展的里程碑。

在进入 20 世纪之前，业余放松活动是一部分经济状况较好的资产阶级的特权，普通人根本无从享受。普通人的日常生活千篇一律，仅有的少许空闲时间多用在操持打理家务上。而这时资产阶级已经有条件在家中举办各种娱乐活动。他们通过集会、晚宴、舞会等方式建立和维持社会关系，依靠音乐、游戏和在自家的图书馆里读书来打发时光。

户外休闲活动

19 世纪末，相对于休闲活动稀少的农村地区，城里的休闲生活开始逐渐丰富。除了传统的戏剧、音乐会和歌剧之外，音乐剧和电影也开始受到欢迎。不过这些方式对普通人而言太过昂贵，他们只能在小酒馆或在工人组织的娱乐活动中得到消遣。工业化的发展和城市的不断扩张，使城里的休闲活动越来越丰富，但这同时也让有些人开始怀念田园生活。穷人们大都居住在自己工作的工厂附近的简陋小屋里，因此，他们更加向往周末可以到野外去进行郊游。为了省钱，人们大多自带食物。富人们也喜欢这种休闲方式，不过他们是选择到风景迷人的海边或山中住上一段时间，或是到国内外的泉胜地疗养几周。

大众娱乐

一战后，欧洲经济的繁荣促进了工人阶级生活水平的提高。尤其是在经济和技术领域，美国开始逐渐成为欧洲学习的榜样。工业流程的合理化使得劳动时间得以缩短，人们为此感到欢欣鼓舞，因为这意味着将可以有更多的时间用来休闲。

因此，大城市里的电影院、歌舞剧院迎来了更多的观众。到 20 世纪 20 年代中期，德国电影院的观众人数已达约 200 万人。在家中收听无线电广播也开始流行起来，截止到 1927 年，德国公共无线电广播开通仅四年时间，便有 100 多万家庭购买了收音机。

"速度"成为那个时代的关键词，人们喜欢驾驶汽车，偏爱节奏激越的爵士乐。然而这类娱乐活动被批评丧失传统、流于大众。

在法西斯国家，统治者也利用这些娱乐活动进行政治控制和洗脑。他们认为，即使是最小的大众娱乐形式也应当对民众产生影响，并让其痴迷于法西斯的意识形态。在德国，统治者主要通过众多党团组织，如希特勒青年团、NS 文化团等组织来控制民众的业余活动。

家中的田园时光和抗议文化

20 世纪 50 年代，德国重建时期，工作时间被延长至每周 49 小时。直到 1965 年在工会压力下，一周 40 小时的五天工作制才开始施行。由于休假时间短，另外出于节约的目的，自己家就成为娱乐活动的中心。人们开始在家中读报，从事园艺等。60 年代起，看电视也成为人们喜爱的娱乐活动。随着汽车的不断增多，越来越多的人开始开车郊游。除了在家度假的方式外，自 50 年代起，随着人们生活水平的提高和休闲意识的增强，旅游热潮开始兴起。

战后的平静在 60 年代突然结束。在美国，青年人发起了反传统、反战争的学生运动，这也很快波及到了欧洲。年轻人开始拒绝与父母同住，并对传统的两性观念和政治观念提出质疑。年轻人建立起了自己的文化体系。他们的娱乐方式也从此与父辈分道扬镳。看冗长拖沓的电视剧是父辈才做的事情，年轻人这时热衷于摇滚和各种抗议政治体制的运动。吸毒也成为青年文化的一部分。

身患经历饥渴症的社会

如何度过业余时间，在这方面花费多少金钱，成为衡量人的社会地位的标准。单身且有很好收入的大城市人，成为人们追求的榜样。因为他们有金钱和时间享受大城市提供的各种文化和休闲活动。充沛的精力是享受这种生活的前提。之前只有少数人可以从事的网球、帆船等体育运动逐渐开始流行。一些新的运动形式也应运而生，如有氧健身、滑翔、自由攀岩、蹦极等。今天"乐趣"与"经历"已经成为这个患"经历饥渴症"的社会的关键词。

横跨大西洋不间断飞行

1927 年 5 月 21 日，美国人查尔斯－林白驾驶着他的小型飞机"圣路易斯精神号"飞越大西洋，从纽约不间断直飞巴黎，此举震动了全世界。

林白的单引擎飞机长度只有 8.43 米，机体为钢管结构，敷以板材和蒙布。林白自己没有能力负担这架简朴飞机的制造，他得到了圣路易斯市和当地商会的支助。加利福尼亚瑞安航空公司老板答应为他专门制造飞机。经过 60 天的制造和 23 次试飞后，林白终于要驾驶这架重 2.5 吨的飞机正式从纽约启程横穿大西洋了。在起飞点为林白担任向导的是极地飞行员里查·E·伯德。为了保证这架小飞机长途飞行的油料，机上还装了许多油箱。

5 月 20 日 7 点 52 分，"圣路易斯精神号"终于起飞了。媒体略带讽刺地称它是"飞行的燃料桶"。晴朗之后便是大雾和冷空气，林白只能通过不断俯冲来除去飞机上的结冰，高度计显示飞机在 3500—4000 米的高空。疲惫让林白昏昏欲睡，不过他还是挺了过来。在艰难飞行 27 小时后，他看到了爱尔兰海岸前的渔船，他的飞机丝毫没有偏离航线，并且还有足够的燃料飞往巴黎。在起飞了 33 小时 39 分钟后，林白的飞机在布尔歇机场着陆。

1927年查尔斯－林白与他驾驶的飞机

客机的发展历程

水上飞机可以在海岸、河流、湖泊上着陆，甚至在驱动器损坏的情况下，在宽阔的海面上也有生还的机会。它是早期穿越大西洋理想的飞行器，被应用在邮政运输领域。虽然飞机的发动机可以允许航程的不断增大，不过缺乏可靠性。旅客们宁愿选择速度缓慢的蒸汽船。直到 1939 年，波音飞机才开始运行正常的客运业务。

　　第二次世界大战大大促进了飞机制造技术的革新。1955 年，大西洋客运航线开始启用喷气式飞机。1976 年，第一架超音速飞机被用于客运，它也是迄今为止唯一一架用于客运的超音速飞机。

早期的大西洋穿越

　　在查尔斯林白的"圣路易斯精神号"1927 年创造飞行记录之前，已经有 69 人乘坐飞机或飞艇穿越了大西洋。不过没有一个人像林白这样独自一人进行，并且中途不着陆的冒险飞行。1919 年，约翰·阿尔科克和阿图尔·W·布朗首次双人从纽芬兰飞往爱尔兰。1919 年 7 月，英国飞艇 R34 号不间断地横穿了大西洋，这艘船上还有航空穿越大西洋的第一位盲人旅客。1924 年，德国飞行员胡戈·埃克纳等一行 30 人，驾驶齐柏林飞船从德国的威廉港飞往美国新泽西的德雷克赫斯特，这段行程总共花了 3 天 3 小时。

富于冒险精神的飞行先锋

　　林白出生于美国西部底特律城一个律师家庭，16 岁时进入威斯康星大学学习机械工程。林白痴迷"飞匣子"，当特技飞行员和邮政飞行员的他积累了足够的飞行经验。后来林白应征入伍，之后晋升为美国空军后备役少尉军官。横穿大西洋使林白一夜成名，并因此得到了一系列荣誉，如他的自传《圣路易斯精神号》在 1953 年获普利策奖，之后他在大西洋客运航线的建设中担任顾问 。

历史性的飞行记录

从纽芬兰到葡萄牙

　　1919 年，A·C·理德和五名机组人员驾驶四发动机的柯蒂斯 NC—4 水上飞机，成功从纽芬兰飞往葡萄牙。柯蒂斯 NC—4 中途在亚速尔群岛降落。

东西横跨大西洋

1928 年，爱尔兰人费滋·莫利斯和两名德国人科尔以及冯·赫纳菲尔德，驾驶"容克·W33"成功从东西方向横跨大西洋。

从巴黎到纽约

1930 年，法国人考斯特斯和拜隆特把他们的飞机命名为"问号"。他们驾驶着这架飞机首次从巴黎飞往伦敦。

勇敢的女飞行员

1932 年，美国女飞行员阿梅莉亚·埃尔哈特在高度计失灵和排气管着火的情况下，从纽芬兰飞到了爱尔兰。

青霉素

1922 年，苏格兰医生亚历山大·弗莱明从眼泪和喷嚏粘液中发现并提取了溶菌酶，这种从体液和身体组织中找到的物质可溶解细菌。此后，弗莱明对抗菌物质进行了深入研究。伟大的发现多出于偶然，1928 年，弗莱明偶然发现了真正的抗菌物质——盘尼西林（青霉素）。

一天，弗莱明在观察培养皿中的葡萄球菌时，发现葡萄球菌由于被污染而长了一大团霉，而且霉团周围的葡萄球菌被杀死了，只有在离霉团较远的地方才有葡萄球菌生长。经过仔细观察，他推断这种霉菌一定产生了某种具有强大杀菌作用的物质，弗莱明把它命名为"青霉素"。不久后，他发现青霉素并不能杀灭所有的细菌。1939 年，德国生化学家钱恩和澳大利亚病理学家弗洛里继续了弗莱明的研究，他们重新从霉菌中提取了青霉素并很快制造出举世闻名的抗菌药物。

一年后，美国微生物学家 S·A·瓦克斯曼发现了另外一种重要的抗菌素——链霉素，它刚好可以杀死青霉素无法对付的细菌。直到今天青霉素和链霉素还是重要的抗生素。随着时间的推移，在好奇心和利益的驱使下，人们发现了越来越多的抗生素。服用抗生素药物不能

盘尼西林的发现者弗莱明

弗莱明从瑞典国王古斯塔夫手中接过诺贝尔奖

杀灭的细菌病原体可以做成免疫疫苗。然而当今在临床医学领域存在着严重的滥用抗生素的现象，在不久的将来势必会引发越来越多的免疫病原体出现。

青霉素的发现者

亚历山大·弗莱明 1881 年出生在苏格兰的一个农民家庭。1902年至 1908 年他在伦敦学习医学。作为细菌研究者的弗莱明起初要寻找一种能够更好地对付梅毒的手段。20 世纪 20 年代，他致力于自体免疫方面的研究。弗莱明的工作地点在伦敦圣玛丽医院的细菌学实验室，自 1928 年起，他在此担任教授。1945 年，青霉素的发现使他获得诺贝尔医学奖。弗莱明 1955 年逝于伦敦。

青霉素与世界大战

在第一次世界大战中，恶劣的医疗条件经常致使前线的伤员遭受严重的感染而几乎无药可治，人们急切地寻找一种能够杀灭细菌病原体的药物。二战爆发后，科学家们把目光转移到了由钱恩和弗洛里1939 年提纯出的"弗莱明青霉素"。1941 年美国参战后，开始对青霉素进行严格的临床试验，直到 1944 年，青霉素才在盟军的部队中使用。

人工生产青霉素的试验

如其他几种抗生素一样，青霉素是一种在临床上很常用的药物。40年代时人们发现，玉米浆是制造青霉素的最好培养基。1945年，美国化学家罗伯特·伍德瓦德解析了青霉素的结构后，人们希望能够人工合成青霉素中的高效成分。许多药厂承诺要研发更廉价的大规模生产方式，然而迄今为止还没能找到能够代替青霉菌的物质。最新的研制方法试图通过生物技术来制造青霉素，也就是把转基因组织放在生物反应器中培养，但这种方法也以失败而告终。

抗感染药物

胂凡钠明

1910年，保罗·埃尔里希研制出了胂凡钠明（梅毒特效药）。1912年他降低了这种药物中的砷含量。

百浪多息

1935年，这是第一种磺胺药物品牌，它可以把病原体的威力削弱到人体免疫细胞可以对抗的范围。

链霉素

1940年，它由一个以S·A·瓦克斯曼为中心的研究团队从链霉菌中分离得到。

异烟肼对氨基水杨酸（结核清）

1946年，德国细菌学家格哈德·多马克首次研制出一种可以腐蚀结核杆菌的药物成分，这也是第一种治疗肺结核病的药物。

不伤皮肤的舒适剃须刀

20世纪初，美国陆军中尉雅各布·锡克受伤后，根据医生的建议从菲律宾调到了阿拉斯加。退役后，他开始在北美淘金。由于那里气温很低，水经常结冰，锡克需要一把不用水的剃须刀。1928年，他发明了第一把电动剃须刀，这把剃须刀的电动机和刀片是分开的。

　　研发和生产这款剃须刀的资金，来自于他发明的带自动发声转换器的安全湿刮刀片。从 1928 年起，电动剃须刀开始销售，这是剃须实践上的一次革命。男人们最早用火石剃须，后来使用铜或铁制成的刀片。罗马人发明了折叠刀，但折叠刀也不比它的前辈们更安全。锡克的电动剃须刀最终实现了完全的安全剃须。不过锡克不久便面临挑战：1930 年左右，在美国十分流行带飞轮的干刮剃须刀。1939 年，飞利浦的设计师亚历山大·霍诺维茨发明了第一款带旋转刀头的飞利浦剃须刀，刀头由许多小刀片组成，通过刀头的旋转实现彻底的剃须。二战后，剃须刀除了在旋转刀头系统和刀头宽度上有所改进之外，其他方面没有大的突破。不过生产商发现了女士电动剃毛刀的巨大市场，腿部脱毛器应运而生，它不是将腿毛剪短，而是将其夹断或有点疼痛地拔出。

更锋利的刀片

　　电动剃须刀的优势不止如一些大公司的广告宣传那样可以省去水和剃须膏，刀片更快，更安全并可以随时充电，而且它比湿刮更加便宜，因为手动剃刀越来越昂贵。

　　尽管如此，湿刮还是顽强地保持着它一定的市场份额，并通过大量的广告宣传不断向人们抛出新的产品：从活动刀架到双层或三层刀片，最后再到极其锋利的钢制刀片。然而，这些生产商很明显没有发现一个重要的卖点：现代的剃须刀拥有足够锋利的刀片，可以让人们不用水就轻松地刮掉胡子。

激烈的市场竞争

　　20 世纪 30 年代末，欧洲市场上主要有两家公司生产电动剃须刀，它们是德国的布朗公司和荷兰的飞利浦公司。两家公司在二战后开始了竞争。布朗公司主打设计样式新颖、功能多样的剃须刀，而飞利浦则在 30 年代将旋转刀头技术发展到了极致。不久，飞利浦便成为市场领军者，它不仅占领了电动剃须刀的发源地——美国，接着又占领了欧洲大陆剩余的国家，并把布朗公司和美国的一些著名剃须刀公司挤

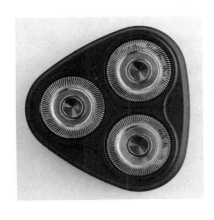

飞利浦电动剃须刀

出了市场。2000 年初，飞利浦已占据世界剃须刀市场一半的销售份额。

剃须刀的设计

锡克的"始祖"电动剃刀不是出自设计学院的设计师们之手，它更像汽车制造中的机器零部件，一只手是没法使用的。锡克在 20 世纪 30 年代的一款成功产品，足以让今天的人们吃惊。此后，剃须刀的颜色和样式只有很小的改变。另外，专业设计师们也有失手的时候：60 年代花费大量金钱设计出的银色飞利浦 HS—190 就被证明是一次商业败笔。

电动剃须刀的早期模式：

锡克模式

1935 年，第二代锡克电动剃须刀刀头能够轻微摇摆。与 1928 年的原始模式相比，第二代的电动机已嵌入机器中。

英国模式

1938 年，一般的电动剃须刀都用旋转电动机来带动旋转刀头，而英国模式的电动剃刀则用电磁摇摆驱动器来带动刀头。

雷明顿 6—AB

1948 年，新型的雷明顿剃须刀使剃须更加快捷和彻底，因为它拥有三层多的刀片。

Rosse & Affolter Unic

1950 年，这款来自瑞士的电动剃须刀工作时可以不插电源，因为它使用电池。电池剃须刀自 1971 年开始占领市场。

星光灿烂的奥斯卡

"奥斯卡金像奖"的正式名称是"电影艺术与科学学院奖"。奥斯卡奖杯是一个高34.3厘米，重约4公斤的镀金男像。自1929年以来，好莱坞每年把这个奖杯颁给最佳演员和电影创作者。授奖典礼是在1927年5月11日美国电影艺术与科学学院成立的宴会上，由与会者提议发起的。

举行典礼的想法来自米高梅电影公司的总裁路易斯·迈耶。奖品小金人奥斯卡则由米高梅电影公司的艺术总监塞德里克·基伯恩斯设计。关于小金人名称的起源有三种不同说法：著名演员蓓蒂·台维丝称是她最早命名了奥斯卡。她说自己首次领金像奖时，无意中叫了声丈夫海蒙·奥斯卡·奈尔逊的名字"奥斯卡"，被现场采访的记者听到，于是一下子传开来了。好莱坞的专栏作家西德尼·斯科尔盖则认为之所以这样命名，是为了让人们不要把这个奖项和过高的要求联系在一起。第三种版本来自电影艺术与科学学院图书馆的女管理员玛格丽特·赫里奇，她在仔细端详了金像奖之后惊呼道："啊！他看上去真像我的叔叔奥斯卡！"隔壁的新闻记者听后写道："艺术与科学院的工作人员深情地称呼他们的金塑像为'奥斯卡'。"从此，这一别名不胫而走。现在人们对这个体现电影工业重要价值的奖项名称来源也不再深究了。

奥斯卡小金人

1929年，在好莱坞罗斯福饭店举行的第一届奥斯卡颁奖典礼很少有人关注。威廉·维尔曼的战争片《翼》获最佳影片奖，而最佳男演员奖则颁发给了艾米尔·强宁斯，他是迄今为止唯一一个获得此奖项的德国人。

今天的奥斯卡颁奖夜则是万人瞩目，名流汇聚，星光闪耀。在各种奖项泛滥的时代，奥斯卡独树一帜，地位也愈加突出："奥斯卡奖得主"就如同一个贵族头衔，如果说早先的奥斯卡得主收获的是声望，那么今天奥斯卡也能为演员带来巨大的经济效益。观众蜂拥至电影院观看获奖电影，获奖者的工作条件和薪酬也就水涨船高了。

越来越多的奖项

奥斯卡起先只颁发七个奖项，即最佳男女演员、电影、导演、剧本、摄影和艺术指导奖。随着奥斯卡奖重要性的提高，颁发的奖项也越来越多。自 1936 年开始颁发最佳男女配角奖，自 1947 年开始颁发最佳外语片奖。随着电影科技的发展，也出现了最佳视觉效果和最佳音效等奖项。最佳动画片奖自 2002 年起颁发。

奥斯卡的大赢家

在第 32 届奥斯卡颁奖礼上，导演威廉·惠勒的古装影片《宾虚》共获得 11 项大奖，首创奥斯卡奖历史上的最高纪录。时隔 38 年，詹姆斯·卡梅隆导演的《泰坦尼克号》在 1998 年也获得了 11 项奥斯卡大奖。在颁奖晚会上，卡梅隆近乎疯狂地举起奖杯，大声说出片中男主角雷奥那多·迪卡普里奥的台词："我是世界之王！"而片中男女主角雷奥那多和凯特·温斯莱特则空手而归。另外一些大赢家如 1962 年的《西区故事》获 10 项奥斯卡奖。《琪琪》（1959）、《最后的国王》（1988）和《英国病人》（1997）都获得过 9 项奥斯卡奖。华特·迪士尼是获得奥斯卡奖最多的人，他总共有 26 次拿到奖杯，其中 6 次是特别奖。

著名获奖者

凯瑟琳·赫本曾四次获得奥斯卡最佳女主角奖。1934 年她凭借电影《清晨荣誉》第一次获得奥斯卡最佳女主角奖。随后几次获奖是 1968 年的《猜猜谁来吃晚餐》，1969 年的《冬狮》和 1982 年的《金色池塘》。另外英格丽·褒曼也凭借 1945 年的《煤气灯下》和 1957

年的《真假公主》两次获得奥斯卡奖。男演员中斯宾塞·屈赛曾九度荣获奥斯卡提名，并在1937年和1938年分别以《怒海余生》和《孤儿乐园》连续获奥斯卡最佳男主角奖。另外汤姆·汉克斯也在1994和1995两年分别以《费城故事》和《阿甘正传》获得最佳男主角奖。沃尔特·布伦南三次获得最佳男配角奖。

奥斯卡影后凯瑟琳·赫本

奥斯卡颁奖中的轰动事件

不胫而走的秘密

1940年，在奥斯卡颁奖礼的前一天早上，《洛杉矶时报》就报道了获奖者名单，这实在让嘉宾和无线电听众扫兴。

第一次电视转播

1953年，奥斯卡颁奖开始通过电视转播，主持人是鲍伯·霍普。无线电转播是从1930年开始的。

奥斯卡被拒绝

1972年，马龙·白兰度在1973年凭借《教父》获得奥斯卡影帝时拒绝领奖，改由一位印第安小姑娘代为出席，以此显示对美国印第安人在影视中受歧视的抗议。

德国影片获得奥斯卡

1980年，由君特格拉斯小说《铁皮鼓》改编的同名电影获得奥斯卡最佳外语片奖，沃尔克·施隆多夫导演的这部电影是第一部获奥斯卡奖的德国电影。

足球统治世界

前国际足联主席法国人尤勒斯·雷米特在 1926 年宣称："足球可以促进世界的永久和真正和平。"在他的倡导下，第一届足球世界杯于 1930 年在乌拉圭举办。迄今为止，世界杯已经举办了 19 届，越来越多的球迷使这项赛事不断走向辉煌。

迄今为止共有来自全世界的 65 个国家参加足球世界杯，胜利者一直来自南美或欧洲球队。第一届世界杯在乌拉圭举行，那时大部分欧洲球队惧怕横渡大西洋，除了法国、比利时、罗马尼亚和南斯拉夫，其他欧洲球队都没有参加。他们仅从媒体上获知，东道主乌拉圭队在一场激烈的决赛后，以 4：2 击败阿根廷队获得了雷米特杯。

1934 年，意大利独裁者墨索里尼将世界杯比赛变成了一场煽动大会，裁判无耻地偏袒意大利队并最终让其获得了冠军。1950 年二战后的第一场世界杯也只有一个宠儿，那就是东道主巴西队，这次世界杯对于欧洲人来说路途同样太遥远。当乌拉圭队在决赛中以 2：1 取胜后，里约热内卢马拉卡纳体育场的 20 万观众都流下了热泪。八年后巴西终于能够一雪当年之耻。直至 50 年代足球一直都是进攻性主导，1954 年的世界杯每场平均有超过 5 球入门。从那以后节奏开始放缓：1998 年每场平均只有两球。

伯尔尼奇迹

1954 年 6 月 4 日，德国队在瑞士世界杯决赛中对阵匈牙利，解说员突然激动地呐喊："射门！射门！射门！德国队在最后五分钟以 3：2 胜出！我要疯了！我真的要疯了！"终场哨声还未吹响，一个新的神话便诞生了：伯尔尼成了民主环境下新的民族自信心的诞生地。"我们成功了！"以弗里茨·瓦尔特为队长的十一名球员被称为伯尔尼英雄并被载入足球史册。

最辉煌球队

巴西创造了世界杯历史上最辉煌的球队：这支球队曾四次获得世界杯冠军，它的辉煌始于 1958 年的瑞典，当时只有 17 岁的贝利在两周内成为巴西进攻式足球的典范。与欧洲球队不同，他们放弃了中场和边线球员。巴西分别在 1962、1970 和 1994 年卫冕世界杯冠军。

备受争议的"温布利门"

1966 年 6 月 30 日，伦敦，温布利体育场：在英格兰和德国的决赛中，吉尔福·霍斯特在 101 分钟用背部将球顶入门中。球撞到球门横梁的下部，然后被重新弹回球场。俄罗斯边线裁判举旗：英格兰 3：2 获胜。德国队强烈抗议。球是否真的在线内，即使电脑分析也无法看清。守门员霍尔斯特在提起 1966 年的那场争端时说道："对于德国人来说球不在线内，对于我们球则在线内。"

1930年第一届世界足球赛海报

历届足球世界杯逸事

守门王

1958 年，这年世界杯期间，法国门将尤斯特·冯塔纳扑中 13 球。他是迄今为止在世界杯上扑中球最多的门将。

"德意世纪之战"

1970 年，墨西哥城阿兹台克体育场的一块纪念牌，让人们回忆起 1970 年德国和意大利之间那场紧张的半决赛。意大利在加时赛中以 4 比 3 获胜。

科尔多瓦之耻

1978 年，这一年德国在对阵奥地利时以 2：3 惨败。汉斯·克兰克尔在第 87 分钟的射门最终将德国队踢出了那届世界杯。

"坏小子"

1998 年，荷兰队的中场队员埃德加·达维斯在 1998 年法国世界杯上共犯规 22 次，是个不折不扣的"坏小子"。

进入原子时代

1938 年，德国化学家奥托·哈恩和他的同事弗里茨·施特拉斯曼在柏林的威廉皇帝物理研究所成功地通过中子轰击的方式使铀产生了裂变。不过最开始他们并没有公开这次实验的真正影响。这两位科学家实际上为和平和军事利用核能创造了前提。

30 年代初，哈恩与奥地利女物理学家莉泽·迈特纳共同进行了研究工作。1933 年纳粹上台后，身为犹太人的迈特纳不得不离开她的岗位，不过她还是在研究所继续工作了几年。之后迈特纳逃离德国，她在国外获知了自己研究所取得的巨大成果。

多年的国际研究为核裂变提供了前提。1932 年，英国人詹姆斯·查德维斯发现了中子。 随后维纳·海森伯格发现，原子核并不是由质子和电子，而是由质子和中子组成。质子使原子核带正电，中子呈中性。早在 1919 年，恩纳斯特·鲁特弗德就用阿尔法粒子对氮原子核进行了轰击，结果发现，氮原子吸收了阿尔法粒子，同时也释放出一个中子。氮原子在这个过程中变大，形成一种更重的原子。

在发现中子的两年后，意大利人恩里科·费米又用阿尔法粒子轰击了铀原子。他希望通过这种方式制造出自然界中罕见的 93 号元素——镎。然而结果却不尽人意。1938 年，哈恩和施特拉斯曼又重新进行试验，这次他们猜测可能得到了 88 号元素——镭，因为被轰击的铀原子可能丢失了两个阿尔法粒子。不过结果还是令他们失望，镭没有出现，他们得到了 56 号元素——放射性钡。由此只能得到一个结论，那就是铀原子裂变了。奥托·哈恩在 1939 年 1 月公布的实验结果中并没有提到原子裂变，这一发现最终是由流亡在瑞典的迈特纳公布并阐释的。

核爆炸

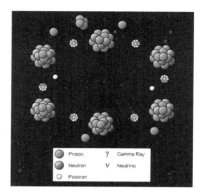

核裂变

危险的能量

1942 年，在芝加哥运行的第一个可控核反应堆开启了和平利用核能的新篇章。12 年之后的 1954 年，苏联出现了第一座用于发电的商业化核反应堆，它位于莫斯科以东 80 公里处。1956 年，英国卡尔德哈尔的第一座核反应堆开始运行。这座反应堆采用气体冷却方式，因此很安全。1957 年，美国研制的压水反应堆进军世界市场。这种反应堆规模小，造价便宜，不过也隐藏一定的爆炸危险。1986 年，乌克兰切尔诺贝利核电站的核聚变反应引发的爆炸，造成大量辐射物质蔓延到大气中。这次爆炸是一次人为事故。

不能兑现的荣誉

德国化学家奥托·哈恩与奥地利女物理学家里斯·迈特纳于 1918—1921 年间就在柏林共事过。30 年代时他们再次合作。1938 年，迈特纳离开德国后，还继续与哈恩保持联系。1944 年，哈恩获得诺贝尔奖。虽然迈特纳对核裂变研究工作起着至关重要的作用，却最终与诺贝尔奖无缘。她非常失望，之前她经常对哈恩说："哈恩，让我来帮你做吧！你根本不懂物理！"

原子弹巨大的毁灭之力

奥托·哈恩知道，一发不可收拾的铀核裂变意味着原子弹的产生。

1939 年初当尼尔斯·伯尔在华盛顿的一次会议上公布了哈恩的发现后，爱因斯坦便敦促美国总统罗斯福，尽快研制原子弹来抑制纳粹德国。1942 年，世界首座原子反应堆在芝加哥大学秘密运行。三年后的 1945 年夏天，第一颗原子弹在新墨西哥爆炸。它释放的能量相当于 20000 吨 TNT 炸药的能量，比预想的能量翻了四倍。8 月 6 日美国向日本城市广岛投放了一颗原子弹，三天后又向长崎投放了第二颗，随后日本投降。从此以后，核威慑也有效地阻止了第三次世界大战的爆发。

著名的国际原子研究专家

古斯塔夫·赫兹（1887—1975）

这位德国物理学家建立了电子——原子冲撞法则。在弗兰克—赫兹实验中他与詹姆斯·弗兰克一起证明了原子理论。

哈罗德·C·尤里（1893—1981）

这位美国化学家发现了氘。这一发现为制造氢弹奠定了基础。1934 年，尤里获得诺贝尔奖。

伊伦·约里奥·居里（1897—1956）

这位法国女科学家和她的丈夫弗雷德里克·约里奥·居里，用阿尔法粒子轰击原子核的方式制造出了第一种人造放射性同位素。

恩里科·费米（1901—1954）

这位意大利裔美国科学家主持修建了世界上第一座原子反应堆。这座反应堆 1942 年在芝加哥开始运行。

尼龙风靡世界

"今天我们开启了明日世界的窗口。"1938 年 5 月，美国化学康采恩杜邦公司打出这样的标语。这种欢欣鼓舞来源于一种合成纤维——尼龙的发现。1940 年 5 月 15 日被定为"尼龙日"，这一天，美国的女装店开始销售尼龙丝袜，这种新潮产品不久便开始热销。

好奇的女士们在商店开门的几小时前，便在门前排起了长队。买家和广告商一致认为：以前从来没有一种装饰品能引发如此的疯狂。短短两天的时间里，全美国第一批 400 万双尼龙丝袜全部售完；许多女士因为没有买到只能失望而归，她们期望着新一批尼龙丝袜的到来。美国妇女的这种激动情绪是可以理解的，因为在尼龙袜出现之前，许多买不起真丝袜的时髦女性只能穿粗糙的棉袜或人造丝袜。

生产者一开始想把这种材料命名为"no—run"意思是"不脱丝"，而广告策划人员倾向于将这种百分之百的合成纤维材料叫做"尼龙"。相传尼龙的研发者，美国人卡罗瑟斯发现了尼龙材料的效果后大呼："Now you lousy old Nippons!"（可恶的日本人，终于有你们好看的了！）"Nylon"一词便是这五个英文单词首字母的组合。这句不友好的话道出了日本人对丝袜市场的垄断。仅在德国每年就要销售 3 亿双丝袜，这种神奇的纤维在以后的日子里也不断遭遇其他人造材料的竞争。经过化学家的改进，得到了比尼龙更精良的材料"特达"。这是一种防潮、耐磨的高科技纤维，它重量极轻并且有很好的着色性。

蚕儿们失业了

20 世纪 30 年代，除生产尼龙的杜邦公司外，许多公司都试图找到代替蚕丝的材料：一方面蚕茧的产量不足以满足世界范围内丝袜生产的要求，另一方面是由于日本人垄断了蚕丝的价格。杜邦公司自己也没想到，神奇的尼龙丝会在几年里将日本丝挤出市场。

纯属偶然的发明

伟大发明家的出现多属偶然。1931 年美国杜邦公司的科学家卡罗瑟斯和朱利安·赫尔在寻找聚酯时意外地得到了一种合成物，它的分子链几乎可以无限延伸并能产生一种极细且韧性极好的纤维。七年后这种纤维被命名为"尼龙"。

价值连城的等价交换物

二战的爆发打断了刚刚开始辉煌的织袜工业。尼龙成为战争时期重要的物资，被用来制造降落伞、缆绳、帐篷和轮胎。如德国国防军就用 3500 万公斤尼龙代替之前的日本真丝制造降落伞。流行时尚在残酷的战争面前无从谈起，许多妇女只能用眼线笔在腿上描上丝袜的接缝，以此来感受一丝时尚高雅的气息。人们对尼龙有如此巨大的需求，难怪极少量的尼龙竟能在短时间内成为黑市中的等价交换物。

袜子的生产制造和时尚的变迁

机器产品

17 世纪，英国开始用机器生产袜子。19 世纪的工业革命使袜子生产进入了繁荣时期。

透明袜子

20 世纪初，全世界只有少数上流社会妇女能穿得起纯真丝的透明丝袜。那时的大部分妇女只能穿不透明的褐色或黑色棉袜。

人造丝丝袜

1920 年左右，人造丝丝袜问世。不过这种丝袜在穿着舒适度、透明度和耐磨性等方面还有待提高。

计算机时代的开始

能够进行四种基本运算的简单计算器早在二千多年前就存在了。世界上第一台有计算能力的程序控制计算机，是 1941 年德国工程师楚泽研制的。他的 Z3 为后来计算机的发展奠定了基础。

罗马人在公元前 300 年左右就发明了算盘，直到 20 世纪 80 年代在俄国才出现类似的计算工具。1622 年，英国数学家威廉·奥特莱德发明了第一把计算尺。20 年后法国数学家布莱思·帕斯卡发明了能做八位加减法的计算器，它能像里程计一样工作。1671 年，数学天才莱布尼茨发明了能做所有四种基本运算的机械计算器。但这些都不是真正意义上的计算机，因为它们都缺乏程序控制。直到 1822 年，英国人查尔斯·巴贝奇才发明了带有程序控制的计算机，不过这台计算机不能发挥作用。二战时计算机技术才有所突破。1941 年，楚泽拥有了必要的技术配件。Z3 上的重要元素，以及二进制数字系统对后来计算机的发展起到了至关重要的作用。在楚泽工作的基础上，工程师们制造出越来越大的计算器。

今天一个指甲大小的芯片就相当于 20 世纪 40 年代数千个继电器和电子管。霍华德·H·艾肯的 Mark Ⅰ 每秒能进行约 3 次运算，而两年以后的艾尼阿克的运算速度已经是它的 2000 多倍。因特网为将来低成本地制造几乎任意大小和速度的虚拟计算设备提供了可能：适当的软件可以在线联合数百万台 PC 机用以解决大的计算任务。

伟大的先锋行者

作为建筑工程师的楚泽一直以来被耗费大量时间的建筑统计计算所困扰，为了减轻这个庞大的工作负担，1932 年他研制了一种新的程序控制计算器。在其中他发现，所有的运算无非都是进行三种基本逻辑操作——与、或、非。于是他把这三种逻辑与布尔代数中的二进制数联系起来。1949 年，楚泽建立了研发和制造程序控制计算器的公司，该公司于 1966 年被西门子公司收购。

无法停止的进军

从楚泽的 Z3 到现代的 PC 机以及笔记本电脑的发展过程，刚开始

1944年哈佛大学研制的霍华德MARK Ⅰ 计算机

世界第一台计算机Mark I在工作中

世界上第一台大型自动数字计算机MarkI的设计者霍华德·艾肯

都比较艰难，因为那时半导体电子学尚处于初期发展阶段。1955年，大型计算设备是由电子管设备组装成的，直到60年代才开始使用晶体管。1973年，台式计算机开始批量生产。1978年开始应用集成开关电路。功能强大的廉价芯片使电脑在20世纪80年代成为大宗货物。今天电脑已成为人们生活不可或缺的物品。通过PC上的互联网接口，用户可以访问数量巨大的全球信息和交际网络。

编程人员的功劳

外行人经常喜欢说音乐计算机、医学计算机或其他的专业计算机。实际上计算机都是相同的，区别在于使用了不同的软件。这一方面取决于计算机的运算能力和速度，另一方面取决于人的创造力。很多人认为人工智能不可思议，实际上计算机从来都不会比它的程序编写者更聪明，它具有超人的能力，它可以综合许多专家的知识，并通过这种方式在大部分情况下，比人更加快速和准确地做出决定。计算机可以学习但不会思考。

计算机技术领域的重要革新

存储程序

1944 年，美国人约翰·冯·诺依曼设计了世界上第一台存储程序计算机（EDVAC），这台机器 1952 年开始运行。

晶体管

1955 年，在美国贝尔实验室 J·H·Felker 制造的世界上第一台晶体管计算机 TRADIC 开始运转。

台式计算机

1967 年，英国人诺曼·克兹在这一年制造出第一台台式计算机，从此，计算机便开始了微型化的进程。

微处理器

1971 年，E·埃德华·霍夫 1969 研发出微处理器后，1971 年，得克萨斯电子器材公司正式推出了微处理器作为计算机的核心部件。

工业社会的日常生活

过去的几十年里，工业化彻底改变了人们的生活。在人们的日常生活中充斥着各种各样的技术，几乎没有一个领域离得开电子、计算机或者通讯技术，它们现在已经成为大众产品。这种飞速发展的驱动力便是电力，各种机器的正常运行离不开电力，或者至少在生产这种机器时需要用电。

现代有机化学、材料科学和装配技术在日常生活中发挥着重要作用，这一切都无法离开电能。1881 年和 1882 年间私人和公共的发电试验设备开始运行。19、20 世纪之交，汽轮机被用来发电，随后第一批大的电网出现。发电厂建成后，有力地促进了日常生活中的技术革新。

日常生活中的技术革新

说到日常生活中的技术，人们马上会想到电动洗衣机、冰箱、微波炉、电视机和音响设备。自 20 世纪 20 年代私人家庭接入电网后，越来越多的技术被应用于家庭生活。1919 年在柏林只有 6.6% 的家庭用电，1973 年上升至 76%。除电灯外，出现了很多其他电器，如电熨斗、洗衣机、吸尘器、冰箱、电炉。到今天为止，新出现的电器主要有冷柜、洗碗机、微波炉和烘干机。

计算机在彻底改变办公环境的同时，也进入了 50% 的德国家庭。它对人们的日常生活也产生了深远的影响，如现代的缝纫机、录像机、照相机、电视和音响中都装有电脑芯片。

技术的飞速发展

人们仔细思考后会发现，在当今西方社会生活中，日常生活的一举一动几乎都要受到现代技术的影响或者直接依赖于它，比如与人们日常生活息息相关的汽车、手机、电灯、腕表、山地车、自动取款机、个人电脑、摄像机或超市里的冷冻食品等。户外运动者配备专业的运动鞋，游泳池的水要经过现代净水技术处理，饮用水也是如此。很大一部分人已经习惯并依赖 20、21 世纪的各种高科技。这些技术也是相互依存的。在工业社会，一个领域出现故障便会波及整个社会，例如，在德国领土上空 100 公里高处爆炸的一颗中子弹将无法摧毁任何建筑，不过爆炸产生的巨大电磁场可以让整个国家的电力在瞬间陷入瘫痪。随后通讯系统也会马上崩溃，所有电子存储器中的数据将会丢失，能源供给设备及交通也将停止运转，最后饮用水，生活用品以及医疗供给都将停滞。

高科技的负面效应根本不必通过如此极端的情况体现来体现。日常生活中的一些小细节就足以给人的健康带来负面效应。科学家指出，电光源对人类有很大害处，它能引起人的沮丧情绪。在过去的十年，电磁波辐射对人体带来的负面影响也引起了人们极大的关注。

批量生产

日常生活技术化的一个重要前提是引进了批量生产方式。1913 年亨利·福特在汽车工业率先引进装配流水线。今天人们可以用全自动的电脑控制设备制造复杂的高科技机器，比如日本的光电巨头，每天生产数千台单反相机只需两到三名工人。批量生产使科技产品的价格下降，这样人们才能普遍享受高科技带来的便捷。交通、通信、数据处理、业余休闲四大领域是 20 世纪受技术影响发生巨大变化的领域，例如 20 世纪 50 年代，只有很少的德国家庭拥有私人汽车，而今天几乎每家都有汽车。

通讯时代

大众通讯方式在过去的一百年里发生了翻天覆地的变化。1861 年，约翰·飞利浦·莱斯发明电话。1877 年，德国成立第一个电话局。那时的电话还处于人工接线阶段，并且只有在市区的几百部电话。直到 1952 年联邦德国才有长途电话。1970 年开始才出现越洋电话。

今天，人们通过手机就可以方便地在世界的任何地方与其他人以口头、笔头甚至图像方式联系。很难想象，20 世纪 80 年代末，从技术辞典中还很难查到的"因特网"，在不到十五年的时间里让整个世界变成了"地球村"。

"时尚炸弹"——比基尼

1946 年 7 月 5 日巴黎爆炸了一颗"时尚炸弹"。这枚武器的特别之处不在于它是什么材料制成的，而在于制成它只需很少的材料。在莫雷托泳池，机械工程师路易斯·里尔德向人们介绍了第一件比基尼。此前不久美国人在太平洋的比基尼岛进行了原子弹试验。由于这种泳装对世人的震动不亚于比基尼岛上所进行的原子弹试验，故被称为"比基尼"泳装。

由于比基尼过于暴露，以至于它在刚开始就遭到了巴黎模特们的拒绝。于是里尔德只好雇佣了一名叫米歇林·伯纳蒂尼的夜店舞女，

古罗马时代的比基尼

虽然按照模特的标准她稍微有些丰满，但这不妨碍她一夜之间成为家喻户晓的明星。

在欧洲的许多天主教国家，如意大利、西班牙、葡萄牙，这个大胆的两件套马上被禁止。而在美国好莱坞，演员刚开始也不得不放弃这件吸引观众眼球的行头。1957 年的美国时尚杂志这样写道：我们不需要再谈论有关比基尼的事，因为体面的女士是不会穿这种东西的。

然而，不是所有的美国妇女都是那么的"体面"。1960 年，歌手布赖恩·海兰就穿着她的比基尼两件套，以一首《黄色圆点花纹小小的比基尼》一举成名。露脐的比基尼在 20 世纪 60 年代逐渐成为美国流行的沙滩泳装。之后比基尼渐渐开始征服全世界。然而，它还是在有些地方不被接受：阿拉伯国家电视台在 2000 年悉尼奥运会期间没有转播沙滩排球比赛，原因就是穿比基尼的女运动员过于暴露。

渐短渐紧的比基尼

20 世纪 60 年代，短小成为服装的流行趋势，有些带有嬉皮风的服装短到快消失。布料到底是用来遮盖身体还是让身体更加暴露，从此成为时尚界争论的话题。

"爆炸"般的时尚潮流

路易斯·里尔德似乎很懂得宣传：1946 年当他推出他的新款泳装时，便以原子弹的爆炸地点为其命名。这样他的泳装就随着原子弹一起出名了。在有关比基尼的广告语中宣称："它可以毫不费力地穿过一枚戒指。"里尔德设计出了一百多种比基尼样式。然而，他的公司还是在 1988 年宣告破产。

比基尼占据电影银幕

1962 年第一部邦德电影里，如果没有穿着性感棉制比基尼在加勒比海中冲浪的邦女郎乌苏拉·安德斯，可能就不会有那么好的票房。多年后，乌苏拉在阁楼里发现了当年这件自制的比基尼，把它拿去拍卖，最终拍得 5000 马克。在安德斯之后，许多明星也开始穿比基尼，如简曼斯菲尔德和索菲亚罗兰。制片商也看准了比基尼，并使它不断取得新的突破。

时代变迁中的泳装

覆盖全身的泳装

20 世纪初，欧洲上层社会人士的泳装还是覆盖全身，只露出双手和双脚。

及膝泳装

20 世纪 20 年代，妇女露出膝盖在以前被认为非常不雅，但这时及膝泳装在泳池中渐渐司空见惯。

裸腿泳装

50 年代，穿着这种泳装，妇女们可以在沙滩上尽情展现自己的腿部曲线。

扣子胸罩

1999 年，作为对比基尼的戏仿，卡尔·拉格斐在巴黎设计出一种胸罩，它只是由两个用以遮盖乳头的扣子组成。

惊险刺激的 F1 赛事

　　迄今为止 F1 共进行了 700 多项赛事，赛程总共约 25 万公里，经历了无数轮不同赛段的训练，共决出来自 13 个国家的 27 位冠军，有 34 人在比赛中意外身亡。1950 年 5 月 13 日，第一届 F1 世界冠军锦标赛正式开赛，不过当时的技术还处于战前水平。

　　F1 赛初期的冠军都被阿尔法·罗密欧、法拉利、玛莎拉蒂这些意大利车队包揽。 1938 年产的阿尔法·罗密欧 158 拥有八缸 1500 毫升引擎。不过 F1 赛初期在空气动力学和驾驶安全方面还有待提高。那时车手的驾驶舱是开放的，在出现严重事故的情况下几乎没有生还希望。在著名车手吉姆·克拉克和卓亨·林特丧生后，20 世纪 70 年代 F1 赛的基本思想才开始有所改变。为保证赛车的安全，人们对赛道进行了改造。这也是很必要的，因为技术在比赛中至关重要。

　　通过伯纳德·查尔斯·埃克尔斯通有力的商业运作，在 20 世纪 90 年代 F1 很快成长为继奥林匹克运动会和足球世界杯之后的世界第三大体育盛事。1999 年，F1 赛创下 600 亿的收视纪录，行业年销售额也在此期间攀升至 20 亿。

F1 赛中的著名车手

　　到底谁是有着 50 多年历史的 F1 赛中最优秀的车手？关于这个问题专家们一直争论不休。若单纯以世界锦标赛冠军这一标准衡量，那么五次获得冠军头衔的阿根廷车手胡安·曼纽尔·范吉奥当之无愧。到 1958 年退役前，范吉奥共参加了 51 次大奖赛，其中 24 次获胜。没有一个车手能像他一样以如此大的优势压倒对手。

　　此外还有四次夺得冠军的阿兰·普罗斯特，以及三次夺冠的尼科·劳达、尼尔森·皮奎特和埃尔顿·塞纳。在 F1 积分排行榜上阿兰·普罗斯特以 798.5 分名列第一，塞纳以和舒马赫分别以 614 分和 558 列

1951年的F1赛车

2008年在加拿大举行的一级方程式赛车

第二和第三位。

技术至关重要

　　没有其他任何的赛事像 F1 一样如此看重技术人员，他们必须在极短的时间内完成对赛车的检修。如果没有团队提供最好的保障，即使再有天赋的车手也无法夺冠。他们要正确地组装轮胎，并且根据赛道环境准确调试赛车以及维护发动机。每一轮比赛中，良好运转的发动机可以让赛车在起决定作用的百分之一秒中领先，发动机的构造是每个车队的机密。

法拉利 VS 梅塞德斯

　　F1 赛事书写了两大车队的传奇，它们就是法拉利和梅塞德斯。1955 年，阿根廷车手范吉奥驾驶 30 年代德国产梅塞德斯取得了锦标赛冠军。一年后轮到法拉利车队庆祝它的第三个 F1 冠军。直到 1998 年和 1999 年麦卡·哈基宁才为迈凯轮——梅塞德斯车队连续夺冠。这期间法拉利又成了梅塞德斯的最强劲对手。2000 年，德国人米歇尔·舒马赫又为法拉利在 21 世纪首次赢得了荣誉。

一级方程式比赛奖杯

F1 赛事中的丧生事件

初期死亡事件

1952 年意大利人路吉·法吉奥利在摩洛哥站的比赛中丧生，他是 F1 赛中丧生的第一人。1955 年意大利人阿伯图·阿斯卡利身亡。1961 年死亡的是德国车手格拉夫·伯格·冯·特里普斯。

吉姆·克拉克

1968 年，他是 20 世纪 60 年代最成功的车手，分别在 1963 年和 1965 年夺冠，1968 年在霍根海姆赛道上丧生。

卓亨·林特

1970 年，这位奥地利车手在意大利蒙扎赛道测时赛上突发意外事故身亡，然而林特却因积分领先群雄在死后获得冠军。

埃尔顿·塞纳

1994 年，这位巴西车手三次获得世界冠军。在圣马力诺伊莫拉赛道比赛时，以 300 公里的速度冲出赛道撞上围墙，不幸身亡。前一天奥地利车手罗兰德·拉茨伯格在训练时也丧生于此。

生命的基石——DNA

1952 年，英国生物物理学家罗莎琳德·弗兰克林发现脱氧核糖核酸即 DNA 的结构类似螺旋楼梯，这一发现可以称为基因研究领域的里程碑。然而这一荣誉最终却落到了富兰克林的上司毛里斯·H·.F·维尔金斯和另外两名研究人员弗朗西斯·哈利·克姆普顿·克里克和詹姆斯·沃森头上。

弗兰克林认为 DNA 是核苷酸分子规则排列成的大分子链。这一设想在当时不能简单地用显微镜来证明，只能依靠 X 射线来解决。于是这位女科学家成功地拍摄了 DNA 晶体的 X 射线衍射照片，并通过长时间认真分析得出了 DNA 分子是双螺旋状结构这一结论。人类生命基石的构造第一次被破解，这一发现为依靠现代基因技术破解人类基因遗传密码奠定了基础。

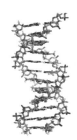

　　弗兰克林的成果没有马上发表，一方面因为这个保守的女科学家期望同事证实她的观察结果，另一方面是因为在当时这一领域由男性主宰，身为一个女科学家处境是非常艰难的。1953年，她的上司，新西兰物理学家维尔金斯在没有经过弗兰克林同意的情况下，把她的DNA　X光片发给了他的英国同事克里克和美国生物化学家詹姆斯·沃森。这两位科学家已经知道DNA的化学构成——糖、脱羟核糖、碳酸盐，以及腺嘌呤、胞嘧啶、鸟嘌呤和胸腺嘧啶，他们马上意识到弗兰克林这一发现的重大意义，在经过了一系列补充后以自己名义发表了这一成果。这篇1954年4月发表于《Nature》上的关于DNA双螺旋结构的文章引起了巨大的轰动。沃森和克里克在文章中构建了无懈可击的DNA模型，这也让两人共同获得了1962年的诺贝尔医学奖，而弗兰克林却一无所获。

ADN双螺旋结构

医学上的基因治疗

　　1989年5月，利用基因技术改变细胞的做法，首次应用于人类医学领域。到1989年，已经有3089名患者使用了这一疗法。基因疗法起先是修复有缺陷的基因，即用一个完好无损的复制基因来代替受损基因，而今天基因疗法的定义扩展到渗入细胞内的基因序列。

著名分子生物学家

　　在生物分子学领域获得成功之前，英国物理学家弗朗西斯·克里克在1945年二战时期为英国政府制造了水雷。1946—1976年，克里克在剑桥药学研究实验室工作，在其事业的后半段他还曾致力于研究地外智能生命的存在。他的同事沃森来自于芝加哥，刚开始从事病毒研究，后来成为哈佛教授，致力于人类基因研究。

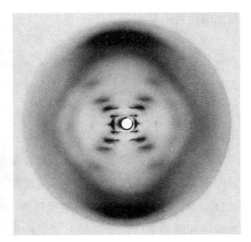

DNA的发现者罗莎琳德·富兰克林　　罗莎琳德·富兰克林拍摄的DNA衍射图像

令人惊讶的认识

自 20 世纪 80 年代开始，基因研究的一个目的便是破解人类遗传基因密码。1990 年启动的人类基因组，计划预测人类基因为 10 万个。2001 年 2 月的研究结果表明，人类基因数量为近 4 万个，是果蝇的两倍。2000 年，美国遗传学家克莱格·文特尔和他的团队首次破解了人类基因组，不过那时他们只确定了少数基因的功能。

遗传学和基因技术的发展

孟德尔法则

1865 年，奥地利生物学家乔治·约翰·孟德尔根据众多植物杂交法则提出了基因的遗传特征。

基因控制

1970 年，两位微生物学家哈米尔顿·史密斯和丹尼尔·纳森斯共同为 DNA 基因重组和后来的基因控制奠定了基础。

基因突变细菌

1973 年，美国科学家首次制造出基因突变细菌，这一成果标志着现代基因技术的诞生。

基因组合体

1976 年，出生于印度的美国化学家哈尔·葛宾·科拉纳首次合成了核酸分子。

机器人

"Robota" 这个词来自捷克语，意思跟 "苦力" 非常相似。1921 年，剧作家卡雷尔·卡佩克在他的乌托邦式悲喜剧中用这个词称呼一群机械怪物。1952 年，美国麻省理工学院首次推出了所谓的NC—机器，这些机床机器被认为是世界上第一批 "机器人"。

技术图纸上的数据被一台计算机通过控制器传送到机床，随后机床在没有人力帮助的情况下，通过模具支架的活动造出钢管。1963 年，美国万用机器人公司推出了他们新研制的 "Unimat"。这个工业机器人能用可旋转的伸缩臂和两个交叉手指将工件抓起、抬高、输送或推走。一年以后，许多工厂纷纷开始效仿，这些工业机器人被用来完成艰难、肮脏或者危险的工作。

在瑞典一家铸造厂里，人们让机器人举着有毒气的模具放置到冷却设备中。虽然现代机器人几乎可以比人类更快速、更精确、更高效地完成任何一项制造工作，但是它们却没有像期待的那样被广泛地应用。这些机器人主要集中在少数几个应用领域，主要从事一些装配工作，如焊接、铆钉、紧螺丝以及喷漆等。世界上第一个机器人全自动装配车间，于 1983 年在沃尔斯堡的大众汽车制造厂中开始运营。

人类创造出的 "偶人"

长久以来，人们一直梦想着能够制造一种可以模仿人的动作的机器。1790 年左右，机械师 H.L.J. 德罗茨和他的弟弟 P.J. 德罗茨制造的 "偶人" 让众人惊叹不已。这一系列人和动物形象的自动机械，可以在羽毛钟的驱动下跳舞、活动头部、演奏乐器。这些 "偶人" 在进入 20 世纪的很多年里一直出现在各种沙龙和年会上。这些偶人们的后裔，如今仍然活跃在当今的玩具市场中。

"智能"机器人

"智能"机器人的时代已经来临。一些日本公司正在研制有视觉和感觉的机器人，以适应周围的工作环境。一些科研机构和公司的研发计划更加宏伟，他们计划研制出能操控机器人的新一代计算机，能够像 DNA 自我复制一样、能够被数学描述的控制方式。

这一领域更长远的目标，是发展可以自主组织的高效能计算机和机器人，它们可以自主优化工作过程并找到改善方案。

越来越多的"机器人同事"

从 20 世纪 70 年代起，工业领域不断引进数控机械和工业机器人。1977 年美国有 30000 台，联邦德国有 5000 多台，这个数字在世纪之交达到了近 400000 台，但只有 100000 个机器人被真正使用。机器人会抢走人类饭碗的观点被人们认为是毫无根据的。正是这些大量使用机器人的企业，凭借高科技含量的产品和具有竞争力的价格真正地发展壮大，这些行业的员工数量也在不断增加。

现代趣味机器人

足球机器人

1997 年，首届机器人足球世界杯在日本名古屋举行，来自全世界九个国家的 29 支机器人足球队参加了比赛。

宗教机器人

1998 年，国际奎师那知觉协会的信徒们在新德里用机器人做宣传，他们让一个价值 30 万美元的"机器人上帝"向人们布道。

跳跃机器人

2000 年，桑迪亚国家实验室的机器人可以跳跃 6 米高、2 米远，机器人的电池可以维持它行走 8 公里。

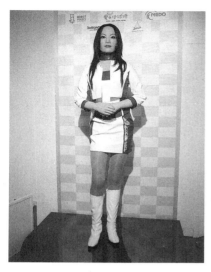

2005年日本爱知县世界博览会展出的女性仿真机器人

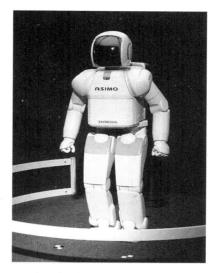

2005年日本爱知县世界博览会展出的机器人

毛绒机器狗

2000 年，这只毛绒机器狗可以吠叫、咕噜、睡觉、接受抚摸，还能听话地跟在主人身后。社会学家认为，它可以帮助日本老年人排解孤独情绪。

征服喜马拉雅

喜马拉雅山的最高峰如同一个陡峭险峻的石质金字塔。为什么全世界的登山者和探险者不断地向这座位于喜马拉雅山脉中的 8848 米高的山峰发出挑战？乔治·马洛里给出了简洁的回答："因为它存在。"他在 1924 年登山时不幸遇难。1953 年 5 月 29 日，新西兰人埃德蒙特·希拉里和他的尼泊尔向导丹增·诺尔盖第一次登上了喜马拉雅山的最高峰。

喜马拉雅——喀喇昆仑山脉中共有 14 座超过 8000 米的山峰。其中最高的那座山峰以一位名叫乔治·埃佛勒斯的威尔士测量工程师的名字命名为埃佛勒斯峰。印度人把这座山峰叫做萨迦玛塔，意为天空之王。西藏人称它为珠穆朗玛，意为大地之母。英国人统治印度期间，曾要求垄断珠穆朗玛峰的研究。1933 年，英国皇家地理学会曾派遣两架飞机寻找最佳的登山路线。不过一切考察最后都以失败告终。此后在 1951 年和 1952 年，美国人和瑞士人也先后得到尼泊尔王国的允许进入喜马拉雅山，不过他们最终也没能征服珠峰。1953 年，英国人再次尝试攀登珠峰，他们的考察队由 13 名成员组成，约翰·亨特任队长。他们先乘船到达孟买，丹增·诺尔盖在孟买加入了队伍。此后，他们先后乘坐火车、窄轨、卡车和轿子经过大约六星期才到达大本营。对于攀登过程中的一些危险地带，人们至今还记忆犹新，有一条 12 米宽的冰缝，人只能踩着一个冰块才能通过。5 月 26 日第一次攀登宣告失败。希拉里和诺尔盖又进行了第二次尝试。他们用了 5 小时最终登上了地球的最高峰。诺尔盖在峰顶向诸神敬献饼干和巧克力，而希拉里则忙着拍照。两人此刻都不知道，他们身后会有多少勇敢的追随者。

第一个征服喜马拉雅山所有高峰的人

"我就是西西弗斯。"南蒂罗尔人赖因霍德·麦森纳在完成极限登山任务后这样说。这位极限登山家不断地挑战看起来不可能实现的目标。当然他也进行了高强度的训练，例如跑步上坡数公里。1978 年他在没有

勇敢的登山者赖因霍尔德·麦森纳

„Das Bergsteigen, so, wie ich es betreibe, ist kein Spaziergang. Aber die große Kunst dieser Art sportlicher Bestätigung ist es, der Todesgefahr mit Kalkül zu begegnen."

呼吸机的情况下第一次攀登了珠峰。

1986 年 10 月 16 日，麦森纳征服了海拔 8516 米的洛子峰，它是这位致力于环保的登山家征服的最后一座 8000 米以上的高峰。

麦森纳在他的很多本书中都描写过自己登山时从恍惚到逐渐出现幻觉的过程。他还称自己曾在幻觉消失的一瞬间看到了传说中的喜马拉雅雪人。

登峰爱好者云集"世界屋脊"

"在希拉里和诺尔盖以后，共有 1050 人登上了世界屋脊。仅 1993 年就有 129 人到达峰顶，是登峰人数最多的一年，其中 8 人丧生。"1999 年，伦敦《时代》报这样报道。然而，各种花费和危险很难吓倒那些狂热的登山者，他们的装备越来越好。这期间甚至出现了登山者在珠峰顶排队的图片。

狂热的珠峰攀登当然也有很多负面效应：1984 年和 1993 年尼泊尔警方和当地的登山者曾进行了两次大规模的垃圾清理行动。现在，每个考察队必须自己将垃圾带到山谷。为了拯救山上剩下的植被，烹调和取暖时应采用太阳能设备和小的水泵。

希拉里——喜马拉雅的朋友

登山家希拉里 1919 年出生于奥克兰（新西兰）。1953 年他的第三次珠峰考察取得了成功。希拉里登珠峰的消息引发了全世界的轰动。1958 年希拉里又作为英国南极考察队新西兰分队的领队来到南极。1984—1988 年他出任新西兰驻印度高级专员。1989 年为了感谢尼泊尔人在登珠峰时的帮助，希拉里建立了喜马拉雅基金，用于植树、医疗、救灾和教育。

攀登喜马拉雅山脉中的其他高峰

安纳普尔纳峰

1950 年，以毛利斯·赫尔佐格为首的法国考察队首次登上了海拔

8091 米的安纳普尔纳峰。

南迦帕尔巴特峰

1953 年，奥地利登山家赫尔曼·布尔登上了喜马拉雅山脉西部的海拔 8125 米的南迦帕尔巴特峰，它是世界第九高峰。

K2

1954 年，两名意大利人阿希勒·克姆帕格诺尼和利诺·拉瑟戴利登上了仅次于珠峰的世界第二高峰。

洛子峰

1956 年，瑞士考察队的两名领队弗里·卢卡辛格和恩斯特·莱斯首次登上了海拔 8516 米的洛子峰。

太空中飞翔的眼睛——人造卫星

1957 年 10 月 4 日，苏联取得了一项不可思议的成就。远程导弹沃斯托克把第一颗人造卫星斯普特尼克送入了 900 公里外的轨道，人类从此跨入了太空飞行时代。

这个直径 58 厘米、重 83.6 公斤，只能发出滴滴信号的装置足以让美国人震惊。没等美国人的苦恼结束，苏联又成功发射了第二颗卫星——斯普特尼克 2 号。它载着南极狗莱卡进入了绕地球运行的轨道。七天来，斯普特尼克 2 号不断向地球传送有关莱卡健康状况的数据。美国科学家此时也紧锣密鼓地准备发射卫星。1958 年美国第一颗人造卫星——发现者一号进入绕地轨道。此后，卫星得到迅速发展。十年后，地球周围已有 500 多颗卫星。1980 年卫星数量达到了 2000 多颗。在千年之交，地球轨道上共有约 5000 颗卫星，而它们之中近三分之一已经成为太空垃圾。

卫星的应用领域也在几十年内发生了巨大的变化：在此期间，所有在公海航行的远洋轮船都装有卫星导航系统或卫星气象数据，国际航空也是如此。陆路交通也受益匪浅：通过卫星遥感技术，人们可以得到无比详实的道路和地形图。专家们可以通过卫星网络在全世界进行在线交流。例如,外科医生在做复杂手术遇到困难时,可以通过卫星进行跨国咨询。卫星也可以发现环境破坏行为;探测不稳定地区战争的准备和军队的调配情况;检测发现早期农业病虫害;还可以把电视节目传送到家家户户。

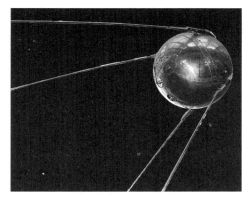

1957年10月4日,苏联首次将人造卫星"旅行者1号"送入地球轨道。

通过宇宙进行通信

20 世纪 60 年代初,人们对卫星的利用还相对保守。今天,从电话到卫星电视再到因特网,众多的通信卫星可以使世界各地的人们畅通无阻地交流。1988 年,阿斯特拉卫星从宇宙中传送来了无线电节目,人们通过卫星天线可以直接接收。在 1995—1996 年间,欧洲一些运营商率先采用 1E 和 1F 模式,开辟了卫星数字节目的新时代。卫星节目的优点是图形和声音质量比模拟信号明显改善,另外频道也从 64 个增加到 300 多个。

定时炸弹般的太空垃圾

1988 年带有核反应堆的苏联宇宙 1900 号卫星坠落。苏联人在最后一秒阻止了反应堆进入地球大气层,类似的事件还有很多。专家统计,地球轨道上的报废零件达七万多个,包括螺丝、金属钉、电线、适配器、烧坏的机器部件等。这些太空垃圾对载人航天造成了巨大的威胁。一个高速飞行的微小的螺丝就可以把宇宙飞船撞出一个比拳头还大的洞。

拥挤的绕地轨道

卫星持续停留在地球上空的某一点来完成人类交给它的任务。不过,这些卫星只能在赤道上空停留,并且它们在各自的轨道上必须保持与地球同速运行。因此,人们看到卫星是静止在天空中的。

为了使卫星不被巨大的离心力弹射到宇宙或被地球引力吸离轨道，所有的地球同步卫星都必须位于地球以上 36000 公里的高度。虽然宇宙浩瀚无穷，然而绕地轨道上却拥挤不堪。新的地球同步卫星几乎很难找到立锥之地。

早期的卫星

OSO1

1962 年 3 月，美国发射了第一颗科研卫星，这颗卫星收集了太阳的数据资料并传送回地球。

宇宙 4 号

1962 年 4 月，宇宙 4 号卫星在完成研究任务后成功返回地球。

TELSTAR1

1962 年 7 月，美国发射了第一颗通信卫星 TELSTAR，从此以后可以在欧洲和美国同时进行电视直播。

POLJOT1

1963 年 11 月，苏联首次发射人造卫星 POLJOT1。由于采用了新型的推动系统，这颗卫星可以实现飞行轨道的改变。

告别节欲时代

1960 年美国市场开始自由供应避孕药，从此以后妇女们便可以自主决定是否要孩子。避孕药最初是为了改善生育能力而使用的，然而却在 20 世纪 60 年代的西方社会引发了一场性解放运动。

自 20 世纪 20 年代起，科学家们就开始研究通过各种雌性激素来阻止排卵和受孕。1944 年时，人们可以通过每天注射 20mg 黄体酮来阻止排卵。后来，通过工业化生产雌激素被制成有效的口服合成药物，方便了人们的使用。不过 50 年代末的首次避孕药使用，不是为了避孕而是用来治疗不孕症。60 年代，当美国食品与药品监督管理局（FDA）

批准了避孕药艾诺维德后，它的功能也是如此。参与避孕药研究的生物学家格里高利·平卡斯通过在波多黎各用艾诺维德做的临床试验，指出了这种药物对于排卵的抑制作用。于是一些妇女开始用这种药物避孕。60 年代中期，艾诺维德才作为避孕药被人们

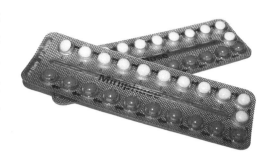

图为一种复合口服避孕药

普遍接受。就在这一时期美国的青年一代掀起了社会变革运动，其中包括要求恋爱自由和妇女解放。1968 年学生运动中提出的社会道德观念民主化，将这次变革推向了高潮。性爱自由也从此成为现代西方社会的重要组成部分。

来自教会的反对

天主教教会认为避孕行为违反了圣经。1968 年，教皇保罗六世发表通告声称，怀孕是性行为的自然产物，是上帝的意愿，并因此禁止教徒服用避孕药。这个通告的背景便是学生运动中提出的违背天主教道德观念的性民主口号。在 21 世纪初，教会依然禁止使用避孕药，包括避孕套。

副作用

60 年代人们注意到了避孕药丸对健康的副作用。60 年代末出现了大量关于服用避孕药后出现的动脉和静脉病症的报道。于是人们开始研究小剂量的"微型避孕丸"，这种药丸也不是没有副作用。1971 年推出的微型药丸承诺只有很微弱的副作用，是纯粹的孕激素。然而这种药丸却经常引起内分泌紊乱。只有 1969 年上市的三月注射剂副作用较小，不过只有很少妇女接受这种药物。

性解放

1916 年，美国女权主义者玛格丽特·桑格不顾强烈反对在纽约布鲁克林开设了一家节育诊所，后来这里成为国际计划生育联合会所在地。从此西方世界性民主的步伐再也无法停止。1968 年在美国出现了"不要作战，要做爱"的性革命标语，这也为避孕丸打开了世界市场。

避孕措施和药物

自然避孕

自古以来，自然避孕是在女性的生理安全期进行性行为，这种方式很不保险。

障碍法

1550 年左右，像避孕环一样，避孕套也只能在一定程度上避孕。

化学类避孕药

20 世纪，杀精乳、杀精栓剂和杀精凝胶也不能完全避免意外怀孕，而且这些药剂还可能会引发红肿与炎症。

节　育

20 世纪，宫内节育环是一种放置在子宫腔内的避孕装置，这是一种较为可靠的避孕方式。

激　光

用激光进行切割和焊接，是由美国物理学家西奥多·哈罗德·梅曼在 1960 年发明的。激光（Laser）是由 Light Amplification by Stimulated Emission of Radiation 的各单词头一个字母组成的缩写词，意思是"通过受激发射光扩大"。激光是工业生产医学领域一项革命性的发明。

二战后，当微波技术与雷达技术以及无线电天文学发生有趣联系的时候，美国人查尔斯·哈德·汤斯试图制造出放大的微波射线。他把氨分子通过加热达到一个高度能量水平，然后用弱微波射线轰击，氨分子释放出强烈的射线，并且通过轰击回归到原有的能量水平。汤斯在 1953 年发明了微波放大器。同时苏联科学家普罗克霍洛夫和巴索也发现了微波放大器的原则。

五年后的 1958 年，汤斯与阿瑟·伦纳德·肖洛制造出了世界上第一台微波激射器。在这些实验的基础上，梅曼于 1960 年发明了第一台真正的激光发射器。

在医学治疗领域，早期的激光技术仅在人的体表应用，后来，激光可以在皮肤下的某一点聚焦。随着光导纤维技术的发展，激光开始应用于外科手术。这种手术的优点就是大部分情况下不用开刀，手术时间和术后恢复期也大大缩短。

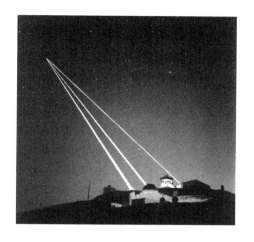

从星火光程实验室射向空中一点处的三条绿色激光束

丰富的技术天赋

今天，许多机器或工业生产流程都离不开激光。从纺织品到钻石，几乎所有的材料都可以通过激光在电脑程序的控制下快速、精准地钻孔、切割。激光可以焊接金属和合成材料，可以使金属更加坚硬，还能够像雷达一样进行远程扫描和精确测量。激光数据存储器的读取，如音乐 CD 就建立在这个原则之上。

在光学信息技术领域，激光通过光纤电缆来传播信息。在激光打印机和照片复印机里，激光束可以书写文字或绘制图片。在实验室里激光可以辅助材料分析和制造化学剂。激光技术还应用于现代武器系统中。

全息摄影

1948 年，丹尼斯·盖伯发明的全息摄影能够传递被摄物体反射光波中的全部信息。这些成像不是通过普通的光得到和传递的，它们必须是连续的，即所有单束光的光波必须有同样的振幅，激光就具有这

美军正在使用
激光器做实验

样的特征，因此激光的发明也使全息摄影技术取得了突破。

激光手术

激光手术有三种优点：比起手术刀激光刀可以在更小的空间工作，并且更加精准、无痛苦。激光刀不仅可以切割肌体组织，还可以连接打开的血管。它可以在肌体表面工作，也可以到达身体内部。像其它光一样，激光也可以聚焦，比如聚焦在视网膜、肿瘤或肾结石上。

在肿瘤治疗过程中，二氧化碳激光可以使肿瘤蒸发。氩气激光可以应用在眼部手术中。氦气激光可以通过加热疼痛的肌体组织来治疗风湿。

激光技术的重要应用领域

染料激光

1966 年，美国人皮特·索罗金和德国人弗里茨·舍弗相互独立发明了染料激光，它可以产生极短闪光。

激光秀

1970 年，世界上第一次舞台激光表演是在慕尼黑的歌剧节上，随后激光秀便成为一种独立的艺术形式。

激光数据传送

1970 年，利用光缆进行激光数据传送表明光纤技术达到了一个很高的水平。

CD 和激光打印机

1972 年、1975 年，1972 年第一张激光唱片 CD 面市，三年后美国 IBM 公司首次制造出激光打印机。

迷你裙风暴

1960 年初，年轻的伦敦时尚设计师玛丽·奎恩特做出了一个史无前例的举动：她大胆地将裙摆剪短 15 厘米，于是迷你裙问世了。此前从没有因为几厘米的布料引起如此大的轰动。没有人能阻止迷你裙的流行。

梵蒂冈企图以维护道德为由禁止迷你裙。香奈儿则对迷你裙的美不屑一顾，他们认为"女人身上最难看的地方就是膝盖"。尽管如此，迷你裙作为性解放的标志立刻走红。时尚界的革命从不列颠的首都开始不足为奇。和他们保守的巴黎同行不同，伦敦的时尚设计师，如奥赛·克拉克、芭芭拉·胡兰尼基、桑德拉·罗德斯在 20 世纪 60 年代初，就在不断地尝试着各种试验和创新。他们大胆地使用夺目的色彩，及膝的长靴以及上身透视装。这些时尚元素也对当时的音乐和美术产生了一定的启发。伦敦逐渐发展成为青年文化的圣地。玛丽·奎恩特吸取了其中的时尚气息。她位于国王大道上的芭莎时尚门店撩动着时代的神经。然而，迷你裙并没有长时间地作为青年反叛文化的标志。玛丽·奎恩特的迷你裙问世五年后，法国人安德烈·库雷热结合自己的设计，让迷你裙

1965年的玛丽官迷你裙

1970年代的玛丽官迷你裙

变成了更体面的服装。直到这时，迷你裙才被公众和主流时尚文化接受。不过由此也产生出一种错误的提法，即迷你裙是在1964年被发明的。不管如何，迷你裙很成功，以至于时尚设计师们从1970年才开始考虑设计长裙。此后据说，人们可以从女人裙摆的长度来解读经济形势，那就是经济越好，人们越愿意用时尚来展示自信。

时尚先锋玛丽·奎恩特

1955年21岁的玛丽在伦敦开了一家时装店。当她发现找不到自己喜欢的时装时，就报名参加了一个剪裁学习班，并开始自己设计服装。她很快跻身最优秀的设计者行列。她的时装被抢购一空。她的设计也引起了"VOGUE"杂志主编的注意。1962年她发明了迷你裙，极大地影响了时尚潮流。1966年奎恩特获得"大不列颠帝国勋章"。

青年文化的象征

20世纪60年代，玛丽·奎恩特的迷你裙第一次点燃了青年时尚的激情火焰。在此之前，年轻人在时尚方面必须唯中年人和善于设计贵妇装的巴黎时尚设计师的马首是瞻。60年代，青年人终于成了时尚的榜样。玛丽认为："成年人看起来毫无魅力并且十足地市侩。"她还热切地鼓励激进的年轻人，这些年轻人在音乐和时尚中找到了表达生活情感的最好方式。时尚、摇滚、嬉皮，这些都是一些派别的归属标志。

而迷你裙更多的只是一种时尚现象，它标志着年轻人摆脱父辈的道德观念后的性解放。避孕药以及不断掀起的性启蒙浪潮也加强了年轻人的思想解放。

"Twiggy" 成为文化符号

自从 16 岁的理发师助理莱斯丽·霍恩贝被一家女性杂志发现后不久,各大杂志的封面几乎都改成了剪着短发戴着假睫毛的青春期女孩,好莱坞的性感风格突然过时了。这个中性化的女孩叫"Twiggy",只有 41 公斤。她被人们戏称为"金竹杆"或者"最贵衣架"。不管怎样,她曾经是一代明星。

曾经引起轰动的时尚创造

短　裙

20 世纪 20 年代,"COCO"香奈儿在一战后首次设计了刚好遮住膝盖的裙子。

尼龙袜

1938 年,美国杜朋公司首次推出了尼龙袜,两年后开始大规模生产。

比基尼

1946 年,法国设计师路易斯·里尔德设计了第一套比基尼,它是根据美国的一个原子弹试验基地命名的。

朋　克

20 世纪 70 年代,这次时尚界的轰动来源于英国设计师夫妇马尔克姆·马克莱恩和薇温娜·威斯特伍德。

心脏移植

南非外科医生克里斯蒂安·巴纳德,是 1967 年首位在人体进行心脏移植手术的人,尽管这次手术的成功很短暂。这之后又用了好几年,心脏移植手术中巨大的风险才被基本排除。今天,心脏移植在心脏外科手术中已经变得非常普遍。

1967 年 11 月 3 日,巴纳德在开普敦的赫罗特·舒尔医院把死于车祸的 24 岁的丹尼斯达瓦的心脏移植到了 54 岁的路易斯·瓦什坎斯基的胸中。手术前巴纳德先后用了 50 只狗做试验，没有一只能够活下来。瓦什坎斯基在手术后也只活了 18 天。死前他曾经说："我不想活了。我不能吃饭不能睡觉，一天到晚要忍受无数的注射，我简直疯了。"巴纳德第二次移植手术的对象是牙医飞利浦·布赖伯格，他在手术后活了接近三年。然而布赖伯格的女儿在他死后透露，他父亲生命的最后 19 个月犹如生活在地狱一般。1977 年，巴纳德又给一位 25 岁的意大利女孩移植了一颗狒狒的心脏，这个女孩在手术后的两个半小时就去世了。另外，巴纳德在没有使用任何麻醉手段的情况下取出了狒狒的心脏，这也引起了人们的愤怒。

巴纳德的一系列手术已成为历史。新的免疫抑制剂大大降低了排异风险，特别是在 1969 年白细胞免疫球蛋白和 1980 年环孢菌素 A 的发现后。1980—1985 年间心脏移植手术后存活一年的比率上升至 85%。这时全世界范围内共移植了 2577 颗心脏。到 1988 年为止，心脏移植手术又进行了 8000 例。

人造心脏

由于捐献的人体器官存在巨大缺陷，一些研究人员很早就开始研究人造心脏。1969 年，美国外科医生登·顿库利在候斯顿首次给一名病人装上了人造心脏。这颗心脏与真正的心脏在大小、形状以及功能上都很相似。这名病人手术后 32 小时去世了。

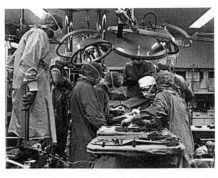

首次成功实施心脏移植手术的南非医生巴纳德在手术中

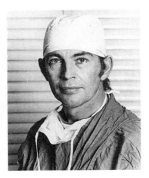

首次成功实施心脏移植手术的南非医生巴纳德

284

一种 20 世纪 80 年代，在美国研制的据说很成功的人造心脏在 1990 年被美国医疗健康部门禁止。它的最大缺点便是热量过高。不过人造心脏倒是可以作为过渡，为一些急性严重心脏疾病患者赢得等待捐献心脏的时间。

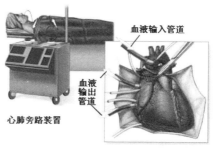

心脏移植手术

通往心脏之路

中世纪时，人们还对心脏这个东西知之甚少。直到 1669 年理查德·罗莫介绍了心脏的结构并第一次把它看成一类肌肉。1705 年，法国人雷蒙德·维森斯描述了左心室以及心脏环形血管的运行。两年后，罗马人吉奥瓦尼·兰西斯首次发表了关于心脏病的文章。1728 年他认识到了心脏扩大的现象。1998 年以后，T·R·H·莱恩耐克用听诊器听到了心脏的声音并对其进行了分析。1935 年，约翰·彼得对心脏中的运行机制进行了猜测，他认为这种机制使血压下降并保持了血容量。约翰的这种猜测直到 1975 年才被证实。

闻名世界的外科医生

"周六时我还是南非的一个名不见经传的外科医生，周一的时候我已经闻名全世界了。"巴纳德在做完第一例心脏移植手术后这样说。巴纳德 1922 年出生，父亲是一名牧师，家境贫寒，曾在明尼苏达大学和开普敦大学学医。在明尼阿波利斯时，他还协助研制了一台心肺机。1967 年，巴纳德担任开普敦赫罗特·舒尔医院心肺外科的主治医生。他也为病人做过肾移植手术。他在完成了第一例心脏移植手术后一举成名。

几例著名心脏手术

第一次开膛手术

1893 年，美国外科医生丹尼尔·威廉姆斯首次为一名刀伤病人进行了开膛手术。

心脏瓣膜治疗

1923 年，美国医生艾略特·C·库尔特为一名病人实施了二尖瓣修补术，这是世界首例成功的心血管手术。

心脏起搏器

1958 年、1960 年，两名美国医生 A·赛宁和 W·卡达克首次为病人装上了心脏起搏器，尽管这个机器出现了一些故障。

心脏搭桥手术

1967 年，阿根廷医生雷内·法瓦洛罗在美国研制了心脏搭桥术。所谓搭桥手术就是用一个管道，在冠状动脉堵塞病变的远端和主动脉之间建立一个通路，让血液绕过狭窄的部分，到达缺血的部位。

数秒钟内遨游世界

1968 年美国军方的战略家们考虑到，如果美国遭受原子弹袭击，军方的秘密数据也绝对不能丢失，决策机关之间的通讯渠道也必须保证畅通。于是他们便想出了一个绝妙的办法。因特网就在这种情况下诞生了。如今它已覆盖了整个世界。

发展因特网技术并不容易：首先必须建立硬件设施，并将其联网，其次是设计开发传输协议，以保证所有操作系统间的数据交换。1969 年 11 月，美国国防部高级研究计划署（ARPA）开始建立一个名为 ARPANET 的大学计算机网络。不过参与这个项目的科学家查理·克莱恩的首次网络数据传输以失败告终。当他输入"G"代表"LOGIN"

互联网

登陆时，整个网络瘫痪了。1973 年，ARPA 对网络技术进行了改进，新系统名叫"Internet"，并首次使用了统一的传输协议。此后，因特网中所有的计算机都可以用这种"语言"进行交流，它就是 TCP/IP。

今天，因特网提供的每项任务的具体协议都建立在 TCP/IP 协议基础之上，如文件传输协议（FTP），电子邮件和新闻讨论组（SMTP 和 POP3），以及 1989 年研发出的基于 http 协议的万维网（WWW）。用户不必了解因特网的原理就可以顺利使用它。此后，因特网又有了新发展：1984 年出现了域名管理系统，1993 年又出现了网页浏览器。因特网的访问量每年增加近 350%，业务也相应增加。1993 年只有 130 个有内容的网站，2000 年这个数字增加到了 2200 多万个。

网络的安全隐患

网络如同一张巨大的明信片，上面几乎所有的东西都可以被读取，而且几乎每台计算机都可以接收并读取邮件，这就牵涉到另外一个严重问题，即病毒和黑客攻击可以通过邮件传播。2000 年初雅虎、eBay 以及亚马逊的电子计算系统都遭到破坏。电脑系统受到病毒数据袭击，直至瘫痪。2000 年 5 月，携带"I love you"病毒的电子邮件使全世界无数公司的电脑系统陷入瘫痪。还有一些更加危险的病毒，它们可以摧毁电脑中的数据。目前还没有有效预防这些恶意程序攻击的办法。

电脑的天下

专家称，21 世纪的日常生活由于电脑和因特网的出现将发生巨大的改变：电视机，冰箱以及其它家电将实现网络化操控。WAP 设备可以通过无线应用协议把各种信息传送到屏幕上。未来的趋势可能是，机器设备们自己从网络中获取所需的信息，而人们却丝毫察觉不到。

互联网将世界连接起来

信息洪流中的世界

作为信息媒体，因特网超越了所有时空关系，它是"实时媒体"。对彼尔·克林顿和实习生莱温斯基暧昧关系的详细跟踪报道，就很好地显示了网络媒体的力量。全世界的服务器

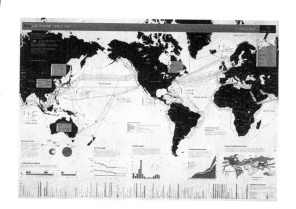

都在传播这一等待已久的报道，以致一度造成网络瘫痪。信息暴力早已存在于网络之中，所有可能想到的事都可以成为网络议论的话题。另外，一切交易理论上也可以通过网络足不出户地解决。"达康小子"（dotcom guy）就是一个很好的例子，他接受了一些工业和网络公司的赞助，入住到一所空房子中，一年没有出门，只通过网络上的一个安全的微型支付系统支付花销。这是一种网络货币，它与用户的银行账户挂钩。

世界著名网络公司

AOL

1991年，美国在线（AOL）起源于昆腾电脑服务公司（Quantum Computer Service）。1994年8月，AOL在全世界只有100万用户，到2000年初，用户数量增加到2000万以上。

雅 虎

1994年，来自美国的两名大学生大卫·费洛和杨致远创立了今天世界著名的互联网门户网站——雅虎。

亚马逊

1995年，31岁的杰夫·贝佐斯创立了亚马逊网上书店。今天它已经发展成为全世界网上图书交易的领军者。

纳普斯特

1999年，18岁的肖恩·范宁创立了这个在因特网上免费搜索下载音乐的网站。2000年贝塔斯曼公司收购了纳普斯特。

地球村——全球通讯时代的到来

社会学家和技术史学家常把当今时代称为通讯时代，这种说法还需要进一步解释。人类自始至终都在互相通讯。在古代就已经有用烟幕、火炬和鼓声传递信息的方式。18和19世纪又出现了许多新的发明。因此，这里所说的通讯时代指的是无线通讯的时代。20世纪伟大的技术革新让人们在任何时间，任何地点，以各种方式进行联系成为了可能，也让世界各大洲之间越来越近。

1888 年，亨利希·赫兹发现了电磁波；1895 年，意大利电气工程师古利莫·马可尼首次发射无线电波。很快德国人成了发明新的通讯技术道路上的先锋。阿道夫·萨尔贝、卡尔·费迪南·布劳恩、格拉夫·阿克以及汉斯·布雷窦共同建立了德意志无线电网络。1910 年左右，全世界迎来了无线电网的时代。1906 年，格拉夫·阿克发现了声音和语言的传送原理，这为之后的无线电话和无线广播奠定了基础。同年奥地利人罗伯特·凡·李本发明了电子管，它在之后的半个多世纪都是发射器和接收器的核心部件。

收音机成为大众媒体

无线电波在一战中充分显示了它的战略意义。战争初期德国的信息部队只有 5800 名士兵，到 1918 年这个数字上升至 185000 名。战后无线电广播开始在民间使用。20 世纪 20 年代初，在美国已经有众多的电台。德国从 1923 年开始正常播放节目。

二战的宣传活动成就了无线电，它从此变成了大众媒体。这段快速的发展过程在八十多年后的今天仍不可忽视。这之后，电视又以不可阻挡的气势进入了人们的生活。

20 世纪 50 和 60 年代，私人用户开始大规模接入公共电话网，使得信息转换中心很快无法承受。作为补救措施人们开始使用半导体、同轴电缆、光纤技术、定向无线电通信线路和通信卫星。

最后，计算机被应用于数据和信息的传播。20 世纪初，一条电话线只能同时传输约十二部电话。到了 1980 年，宽带连接可同时传送上千部电话信息或 24 套电视节目。

进入网络时代

伴随着电话和无线电的发展，20 世纪 80 和 90 年代因特网真正实现了无界限的计算机互动通讯，它让世界变成了"地球村"。手机由简单的移动电话发展而来，今天已经成为成熟的交际通讯平台。此外还有GPS——全球定位系统，这个像手机大小的仪器可以准确定位它主人的位置。电子通讯已经超越了政治、地理和其他许多领域的界限。在因特网和卫星电视领域，没有任何一个民族可以屏蔽外界信息，做到与世隔绝。当人们独自攀登喜马拉雅，探险南极或撒哈拉沙漠时，实际上也并不是真正的孤身一人。若想得知蒙古当前的天气状况，或了解印度一家艺术品拍卖行的最新报价，或是日本一家大学图书馆的藏书情况，亦或是观看宇宙太空的图片，人们只需每天在因特网或手机上花几毛钱。

信息泛滥的社会

许多人对当下这个信息泛滥的时代提出了批评。神经学家指出：人脑不断地接收某种电磁势能（神经电流）。如果这种势能减弱，比如感到无聊时，人就会变得积极主动，开始独立思考，并感到自己有了工作积极性。如果这种脑电势能受到外界刺激，特别是五花八门的信息的刺激后被提高到了理想的水平，这时大脑就会自动停止思考。这样人会感觉毫无内在动力或是缺乏决断力，对一切毫无兴趣甚至昏昏欲睡，身体上的一些疾病如高血压、背部，头部疼痛以及失眠也会随之而来。

所有这一切都发生在这个现代化的通讯社会里。然而，这些后果却没有引起足够的注意。这主要有两个原因，首先人们认为这些症状在今天很普遍。另外一个原因是供应商根据现实对提供的信息量进行了调整，如今在美国，电视或广播里单条新闻不能超过150字，因为超过这个数字就不利于消费者的短期记忆。同样道理，通俗读物也在几十年内都变成了大量插图加简短文字注释的画册。

在这个信息泛滥社会，人们已经不会独立主动规划自己的生活。他们有空就无所事事，只能在一集又一集的电视剧中"度过"，或者是观看足球赛和F1，又或者玩电脑游戏。人们越来越热衷于以这些方式来规划自己的空闲时间，这个进程看起来不可逆转。科学家们指出，人们对网络和电脑游戏的依赖性越来越大。许多年轻人一天要花数个小时，发数百条没有什么意义的短信。

人类实现登月梦想

"对于一个人来说，这只是一小步，但对人类来说，这却是一大步。"美国宇航员尼尔·阿姆斯特朗曾经这样评论一个历史时刻：1969 年 7 月 21 日，中欧时间 3 时 56 分阿姆斯特朗成为踏上月球的第一人。这一刻，人类的永恒梦想终于实现。在与宿敌苏联进行的登月竞争中，美国人最终获胜了。

紧随阿姆斯特朗走出船舱的是艾德文·奥尔德林，他成为历史上第二个踏上月球的人。而第三名美国宇航员米歇尔·柯林斯则在哥伦比亚号指挥舱中等候两位月球探险者。1969 年 7 月 16 日，阿波罗 11 号宇宙飞船在百万人的注视下从肯尼迪角，今天的卡纳维拉尔角升空。这次登月任务持续 8 天 3 小时 18 分钟。

三天后，奥波罗 11 号进入月球轨道。7 月 20 日，载有宇航员们的登月舱与飞船分离。之后不到 24 小时，便迎来了一个伟大的时刻，美国人为了这一刻准备了八年多的时间：登月舱"鹰"着陆在一块被称为"静海"的区域。全世界超过 5 亿人通过电视转播收看了这激动人心的事件。电视上，月球的图像出奇地清晰，不过，要听清宇航员的语言，还需要发挥一些想象。

出舱前，阿姆斯特朗和奥尔德林对登月舱的技术设备进行了检查，稍事休息便穿上为登月特别研制的宇航服，捆上带有呼吸机的背包走出登月舱。两名宇航员共在月球表面逗留了 135 分钟。他们在月球上插上了美国国旗，架设了科学测量仪器和一个电视摄像头，收集了 21 公斤的月球石，还拍摄了那些尘土飞扬的荒凉的环形山，随后他们返回登月舱，升离月球表面，最后再次与阿波罗 11 号宇宙飞船对接。中欧时间 7 月 24 日 17 点 50 分，飞船安全坠入太平洋。

阿波罗11号宇航员奥尔德林在月球上和美国国旗合影

由尼尔·阿姆斯特朗拍摄的巴兹·奥尔德林。但在奥尔德林的面罩上，同时可看到阿姆斯特朗的影像。

阿波罗登月计划

1961 年继苏联首次进行太空探索后，美国总统约翰·肯尼迪的一次鼓舞人心的讲话，使美国人重新树立起了太空探索的信心。他允诺实施一个登月项目，让美国人在几年内成为首次登上月球的人。

肯尼迪和他的继任者们遵守了诺言：美国先后发射了 6 艘无人阿波罗宇宙飞船。1968 年，阿波罗飞船首次执行载人任务：1968 年 10 月，阿波罗 7 号将三名宇航员送入地球轨道。阿波罗 8 号进行了绕月飞行。1969 年 3 月，携带登月小艇的阿波罗 9 号进行了对接演练。同年 5 月，带有一套完整的阿波罗航天器的阿波罗 10 号，成功地完成了登月的最后彩排，而阿波罗 11 号最终实现了人类的登月梦想。

太空争霸

1957 年 10 月 4 日，苏联发射了第一颗人造卫星"卫星一号"，震惊了美国。白宫随后也急不可待地公布了自己的卫星发射计划。这次发射在 12 月 6 日宣告失败。为了超过苏联，美国开始实施登月计划。1958 年的无人宇宙飞船试验也以失败告终。1959 年 9 月，苏联发射的卢内克 2 号月球探测器到达月球，这使苏联在这场登月竞争中暂时领

奥尔德林在月球上留下的鞋印　　　阿波罗登月舱

先。美国此时正在准备载人登月。直到 10 年后，美国才凭借成功载人登月在太空探索领域取得领先地位。

月球探索者们的宏伟蓝图

在经历了 30 年的休整后，新一代的太空探索者携着宏伟的目标重返月球。建立一个永久载人月球空间站的计划正在酝酿中。这个空间站可以用由运输机从地球输送的材料建造，也可以就地用月球沙和矿石建造。它既可以作为科学观测基地，也可以成为月球旅行者的旅馆，还可以开辟为太阳能农场。一些有远见的人士甚至认为月球采矿也不是不可能实现的事情。

科幻小说中的月球

《真实的历史》

160 年，这是希腊人卢西恩·冯·萨莫萨塔写的第一部空间飞行小说。在这部小说中，地球人见证了月球上的一场战争。

《从地球到月球》

1865 年，这是法国作家儒勒·凡尔纳的一部关于月球旅行的科幻小说。这部小说激起了人们无尽的想象。

《月球上的第一批人类》

1901 年，曾写过著名的《时间机器》的英国作家赫伯特·乔治·威尔斯，又凭借这部空间飞行小说成为科幻小说的领军人物。

《陷于月尘》

1961 年，著名的英国科幻小说作家及前雷达专家阿图尔·C·克拉克，在这部小说中描述了外来者占领月球的场面。

生活在失重状态下

1969 年美国的登月计划成功后，两个超级大国的太空争霸依然继续。1971 年 4 月 19 日，苏联首先发射了礼炮一号空间站。它是地球以外的一个研究基地。两年后，第一座美国空间站——太空实验室也进入地球轨道。

礼炮一号和太空实验室都是为了完成一次性任务而在地球轨道做短期停留。1977 年，苏联又用礼炮六号将一个更现代的空间站送入轨道。这座空间站的寿命要长一些，并且还有无人太空飞船定期运送储备材料和推动燃料对其进行维护，它可以同时与两架太空飞船对接。九年后，苏联又将富有传奇色彩的"和平号"空间站送入太空，它的

和平号空间站

国际空间站。由发现号航天飞机拍摄。

内部可用空间只有 100 立方米。不过，"和平号"是第一座可扩建的空间站，后来它的长度扩展为 40 米，宽扩展为 35 米，可以为 20 名宇航员提供住宿和工作空间。"和平号"共在太空服役 15 年。冷战结束后，它也开始向西方宇航员开放，直到 2001 年 3 月俄罗斯才最终将其放弃。虽然俄罗斯参与了 1998 年以来国际空间站 ISS 的建造，但莫斯科在"和平号"结束使命后一直担心失去这一领域的领先地位。2001 年 1 月，俄罗斯又发射能源号运载火箭继续从事太空研究。

"多国太空音乐会"

从 1998 年 11 月起，人们开始建造一座新一代的国际空间站。共有 16 个国家参与了这座空间站的建设。为了这场"多国太空音乐会"，每个国家都在其中建立了自己独立的实验室。空间站在 2004 年落成。2002 年日本的外太空实验平台与国际空间站实现对接。2003 年欧洲的哥伦布研究实验室、俄罗斯实验室、美国太阳能电池阵，以及一个更大的离心调节仓也相继入住国际空间站。2004 年随着美国太空居住点的落成，国际空间站最终完工。在国际空间站试运行期间，还设有一艘太空救生船，它可以在紧急情况下将宇航员送回地球。

空间站里看宇宙

礼炮一号和太空实验室出现后，空间站的技术手段和空间都有了改变，不过任务原则上没有变化，它们的目标主要是对地球气候、生态，以及地理进行研究，观测宇宙，研制失重状态下的工业制造工艺和寻找宇宙反物质。国际空间站除了以上的研究任务之外，还有一个新的要求，那就是作为人类迄今为止耗费最大的非军事项目，它应该是和平合作的成功范例。一些财力较弱的国家，如俄罗斯，也在考虑未来将空间站发展成为月球旅行者的旅馆。

伟大的计划

国际空间站（ISS）堪称人类历史上的顶级项目，保守统计花费就有一千亿美元。它的长度是 108 米，宽 88 米，内部容积 1140 立方米，可容纳 7 人，寿命预计为 10 年。自 1998 年起，俄罗斯的曙光号功能货舱和美国的联合 1 号节点舱，实现了与国际空间站的对接，并与空间站一起绕地球旋转。2000 年，俄罗斯又一个大的服务舱最终与空间站对接。随后的 2001 年，美国的研究实验室也加入了国际空间站。

苏联和美国发展空间站的初始阶段

礼炮系列

1971 年，第一个苏联空间站礼炮一号进入地球轨道，它的长度只有 13 米，直径 4.8 米。首批三名宇航员在空间站中逗留了 23 天。他们在返回地球时不幸窒息死亡。1973 年，第二座苏联空间站礼炮二号在宇航员造访前断裂。

太空实验室

1973 年，在太空实验室完全造好之前，美国的临时空间站在第一年已经可以容纳 9 名宇航员。太空实验室于 1974 年完工。

礼炮 7 号

1982 年，这一年，礼炮 7 号进入太空。同年，礼炮 6 号上的宇航员也首次在太空逗留超过 100 天。而礼炮 3 号、4 号和 5 号则没有在这方面取得成功。

试管婴儿

1978 年 7 月 26 日，路易斯·布朗在伦敦附近的奥德哈姆医院出生，九个月后又有一名在试管中人工受孕的婴儿出生。路易斯·布朗是历史上第一个试管婴儿。她的出生是生殖医学上的巨大里程碑。

将人的卵细胞在试管中受精，这种手段不是单纯的科学实验，它可以让不孕夫妇怀上孩子。医学上称这种手段为体外受精联合胚胎移植技术（IVF），又称试管婴儿。这种生殖医学上的新方法现在在全

世界上第一个试管婴儿
路易丝·布朗与其母亲
莱斯莉

世界上第一个试管婴
儿路易丝·布朗

世界上第一个试管婴儿路易丝·布朗与爱德华医
生、她的母亲莱斯莉和儿子在一起庆祝30岁生日
（2008年）

世界范围内应用。不过它也引发了一系列伦理和法律上的问题。一些
敏感词汇如"捐精"、"代孕母亲"以及胚胎研究和基因控制一直以
来都在引发激烈的讨论。

在第一名试管婴儿诞生近二十年后，生殖医学上又树立了另一座
里程碑：科学家们成功地通过将一个卵细胞与另外一个带有遗传基因
的卵细胞交换的方式，创造出了新的物种。它就是1997年诞生的世界
上第一只克隆哺乳动物——多利羊。从一只成年绵羊身上提取体细胞，
然后把这个体细胞的细胞核注入另一只绵羊的卵细胞之中，而这个卵
细胞已经抽去了细胞核，最终新合成的卵细胞在第三只绵羊的子宫内
发育形成了多利羊。从理论上而言，多利继承了提供体细胞的那只绵
羊的遗传特征。

备受争议的《胚胎保护法》

1991年在德国出台了《胚胎保护法》，禁止人类胚胎干细胞研究
以及克隆胚胎干细胞。在能否放开对人类胚胎干细胞研究的限制这一
问题上出现了新的争论。这一研究，在美国和以色列以及欧盟中的英
国已得到许可。

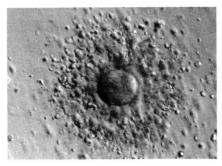

体外人工受精

克隆人

生殖医学证明，如果克隆研究没有合法化，就无法保证其与 21 世纪的其他顶尖核心技术实现对接。克隆技术称可以实现病人自身肌体组织的移植或治疗一些疑难病症，如阿尔采默氏病、糖尿病或半身不遂等。克隆技术甚至可以根据脑瘫或临床意义上靠心肺机维持生命的植物人来造出一个新人。有评者指出这种以"纯治疗"为目的的克隆技术的医学意图有待商榷。

人工受精技术

这里介绍三种不同的人工受精技术：首先是 IVF，即体外受精联合胚胎移植技术。在这种技术中，卵细胞在试管中受精，两天后受精卵被送回子宫。第二种是经输卵管受精法。这种方法是在输卵管附近受精和进行胚胎发育。和 IVF 一样，后者也是取出一个卵细胞，并让它在输卵管中与输入的精子结合。第三种经子宫受精法，则是通过一个插管将精子输入子宫来授精。这里的精子可以来自女性的伴侣，也可以来自陌生的捐精者。

人工受精的发展历程

生殖细胞

1677 年，荷兰生物学家安东尼·范·列文虎克从男性精子中认识了生殖细胞，把它称为人类的"幼体"。

精卵接触

1779 年，意大利生物学家拉查诺·斯巴兰查尼发现，精子和卵细胞的接触导致了最终的受精。

观察受精过程

1875 年，德国人奥斯卡·哈特维希观察到了海鸥的精子进入卵细胞的受精过程。

人工受精

1952 年，这一年在美国诞生了一头人工受精的小牛。人工受精使用的是冷冻储存的精子。

现代医学的进步

一些医学史学家将现代医学的开端定位在 15 和 16 世纪，因为那时医生们的思想、知识以及行为就是以自然科学为基础的。还有一些专家将 19 世纪作为现代医学的开端，因为从那时起人们开始系统地研究卫生学和公共卫生，以及与之相关的生理学、细胞学、细菌学和药理学。还有人认为现代医学仅包括 20 世纪取得的医学成就，这些成就首先就是指高科技医学和各种昂贵器械、新技术、化学诊断方式以及基因诊疗法。

20 世纪社会的发展不仅带来了最多样，最复杂的医学进步，也带来了许多令人瞩目的成果。早在 19 世纪时，医生们就能够在不必对人体器官开刀和不引发创伤的情况下，了解病人体内的情况。那时人们使用的无非还是一些传统的方法，如用听诊器听诊，敲击身体表面的扣诊以及通过测温学观测体温改变。

诊断方式

自从伦琴发现 X 射线后，病人就在这种光线下逐渐成了透明的玻璃人。随着临床 X 光技术的发展，又出现了另外一些射线诊断方法，如 60 年代初的扫描术，即通过扫描仪观察吸收辐射物质的分配情况。80 年代电子数据处理技术的发展，使扫描术进化成 X 光断层摄影术并最终形成了核磁共振成像术。

其次是电图记录法，1902 年人们绘制出了描述心脏电活动的心电图，1929 年又绘制出了脑电图。早期的听诊、扣诊方式逐渐被电声法取代，它包括 1910 年左右出现的能获取心脏声音的心音图；1930 年前的测听术，以及 1970 年左右出现的超声波回声术。

19 世纪的医生们已经可以通过光学系统，在不伤害病人的情况下观察可以进入的体腔器官。而到了 20 世纪，借助高科技导液管可以观察到一些从体外无法进入的体腔，如心室（1956）。

除运用新技术的诊断方式之外，现代临床化学诊断学也具有重大意义。它可以追溯到 19 世纪，这种方法首先是对尿液、血液以及其他体液的成分进行分析。临床化学研究手段的最新阶段开始于 20 世纪 50 年代。雷奥那德·T·斯盖格斯制造了第一台自动分析仪，后来又纷纷出现各种半自动或全自动的分析仪器。今天医院的化学实验室用的都是这些仪器。

即使是历史不算长的基因诊断法也可以追溯到 1910 年。托马斯·亨特·摩根第一次制造了染色体卡片。2000 年人类的基因图谱被完全破解。基因诊断术在此期间不断趋于成熟，不过在实践上还处于初级阶段。这一技术最成功的应用要数 70 年代末的产前诊断术，它可以在怀孕的第八至十周预测胎儿是否畸形。

治疗手段

治疗手段的进步主要得益于 20 世纪外科学的继续发展。无菌防腐手段避免了伤口感染的风险。现代的麻醉手段解除了复杂手术的时间限制。对于血管和神经领域的进一步深入认识也使更加精细、复杂的手术得以开展。19 世纪 90 年代，对于脑部疾病的外科手术治疗开辟了神经外科学的全新时代，今天的放射学和计算机 X 光断层摄影术使其得到了进一步完善。20 世纪前后，人们开始实施胸腔手术。20 世纪 20 年代，心脏及心血管手术的时代来临。在 1958 年和 1960 年，两名美国医生 A·赛宁和 W·卡达克首次为病人装上了心脏起搏器。弥补术是外科学中的一个相当古老的领域，其早期成就根本无法与现代高科技弥补手段——如电脑操控的四肢和人体照料系统（心肺机）媲美。与弥补术并肩发展的是外科移植术。对排异反应的探索使移植术在过去的三十年中取得了更丰硕的成果。内科学也在此时取得了显著的进步，例如通过现代诊疗技术可以提早准确发现肿瘤。另外还出现了一些现代的治疗手段，如射线疗法、激素疗法以及基因疗法等。

高科技医学引发的矛盾

现代医学并不是毫无瑕疵。新的诊疗方式也为日后的各种矛盾埋下了伏笔。寿命的延长导致了人口的老龄化，老年疾病已经司空见惯。1900 年时慢性疾病的比例只占 15%，今天它的比例已经超过了 90%，如运动机能的退化，心脏循环疾病，脑功能退化，以及重要身体器官的疾病等。更重要的问题来自于生命延长医学。几乎无所不能的现代医疗复苏技术，引发了医疗责任与技术可行性之间的矛盾，人们经常在人道和实施医疗手段之间难以抉择，它触碰到了医生恪守的誓言的底线。这也早已成为了一个法律问题。

移动通信

90 年代初，当 17 个欧洲国家统一使用共同的移动电话网络后，"手机"便在全世界范围内得到了广泛地应用，从此跨越国界移动接听电话首次成为可能。不过，这时使用的不是传统的手持电话，而是"手机"。这种新一代的"手机"由摩托罗拉公司于 1992 年推向市场。

1940年代（左）和 1 9 9 0 年 代（右）的摩托罗拉手机

有了"全球移动通信系统"（GSM），人们就几乎可以在地球的任何一个地方打电话。地铁、咖啡馆、电影院随时都能听到手机铃声。不管是热恋中的年轻人，还是繁忙的业务经理，几乎没有人能离开这小小的手机。现在全世界拥有手机的人超过 10 亿，与 20 世纪 90 年代初的庞然大物相比，现代手机最小的只有几厘米，蓄电池的缩小使手机的体积不断缩小，20 世纪 80 年代的无线电话甚至还需要一个机箱。无线电站数量的迅速增加，使得手机安装一块小电池就可以轻松地接通下一个无线电站。另外，手机只用来打电话的时代也已经过去了。根据 1999 年公布的无线应用备忘录 WAP，因特网上的内容可以完美地显示在手机屏幕上。现在，很多网络供应商都已提供有 WAP 功能的网页。

一方面手机在不断缩小：2000 年首款腕表式手机在日本问世。另一方面其功能也日渐强大。除了多媒体娱乐，如电视接收、游戏功能等，现在的手机已经可以遥控汽车。

移动的多媒体站

从 1998 年开始，手机摇身一变成为了多媒体机器："消息"和"群"成为了关键词。"消息"可以是任何东西，从私人"短信"到账户余额查询和转账信息、航班信息、堵车通知、预订信息甚至到自动售货机买饮料的付款记录。手机还可以管理很多事物，例如日历或地址簿。用手机上网和接收电视信号，也早已实现。

军用起源

从 1917 年开始，德意志帝国铁路开始尝试在柏林——左森段铁路的军用火车里安装无线电，之后民用快车上也开始安装。铁轨沿线的电线杆通过火车顶部的天线传送声音信号，不过那时还根本谈不上真正的"移动无线电"，因为整个车厢已经占满了其他一些必需的技术设备。

"Handy"一词源于德国

无绳电话被人们称为"Handy"。这个词最初来自英国或美国，最终被德国人接受。不过这个词在英美国家很少使用，很多人不懂这个词。虽然"Handy"这一概念来自英语，意为 "便携的"，但却是一家德国广告公司在 1993 年的营销广告中首次将它作为电话的名称。在英美国家人们一般说"cellular phone"（蜂巢式无线电话）或"mobile phone" （移动电话）。

德国引进的移动无线网络

A 网

1958 年，无线网络有 10500 名用户，覆盖德国 80% 以上的面积。没有电线的电话首次出现，不过尚需通过手工接线。

B 网、C 网

1974 年和 1985 年。1994 年之后的 B 网用户可以不通过手工接线打电话。C 网在 1990 年已拥有 550000 名用户。

D 网

1991 年和 1992 年。跨网的数字化标准意味着手机的最终突破。1999 年，卫星手机也开始在 D 网运行。

E 网

1994 年，E 网在 2001 年初有 300 多万用户。与 D 网相比，E 网可以允许更多的用户同时打电话。